金继宏◎著

古埃及服饰研究

GU'AIJI
FUSHI YANJIU

服饰文化研究丛书

·2024年吉林省高等教育教学改革研究课题"以数字化改革赋能高校服装设计教育与美育深度融合高质量发展的实践路径探索"（编号：2024LZL2ULN005J）

中国纺织出版社有限公司

内 容 提 要

本书作为国内学界首部探究古埃及服饰的著作，共由六个章节构成。本书根据古埃及遗留文物、文献中的不同字符，在综合国外埃及学者最新研究成果的基础上，对古埃及男性与女性服饰的特点、风格流变、制作工艺以及其对周边文化和后世的影响进行整理和分析，形成了这本极具特色的古埃及服饰研究专著。本书为古埃及服饰的研究提供了全面、深入的视角，旨在为读者呈现这一古老文明服饰文化的丰富内涵与历史意义。

本书内容丰富，依据材料种类多样，能为关注古埃及以及地中海地区古代文明的读者提供参考和研究素材，以资借鉴。

图书在版编目（CIP）数据

古埃及服饰研究 / 金继宏著 . -- 北京 ：中国纺织出版社有限公司，2024. 12. -- （服饰文化研究丛书）．
ISBN 978-7-5229-2361-1

Ⅰ . TS941. 12

中国国家版本馆 CIP 数据核字第 20245FB986 号

责任编辑：施 琦　　责任校对：高 涵　　责任印制：王艳丽

中国纺织出版社有限公司出版发行
地址：北京市朝阳区百子湾东里 A407 号楼　邮政编码：100124
销售电话：010—67004422　传真：010—87155801
http：//www.c-textilep.com
中国纺织出版社天猫旗舰店
官方微博 http：//weibo.com/2119887771
天津千鹤文化传播有限公司印刷　各地新华书店经销
2024 年 12 月第 1 版第 1 次印刷
开本：710×1000　1/16　印张：12
字数：212 千字　定价：88.00 元

序

为自己学生的著作写序是我非常高兴的一件事，这也说明当初选定题目的正确，以及通过努力最终收获了成果。这一路走来，每一步都印象深刻。之所以选择古埃及服饰作为研究对象，是因为发现国内研究存在不足，且对国外研究成果的简单介绍和转述中也常见错漏。然而，真正开展工作后才发现困难重重。

在论证课题时，有学者曾问："古埃及人穿衣服吗？"熟悉古埃及历史文化的人可能有这样的印象，认为所有古埃及图像中的男性几乎都是裸露上身，只穿一件短裙；女性的穿着虽然包裹略多，但也非常简洁。其实去过埃及的人都知道，在埃及生活如果不穿衣服是很难的。即使在埃及的炎热气候下，也不可能像原始部落一样赤条条地来去毫无"牵挂"，因为当地昼夜温差非常大。在壁画、浮雕甚至雕塑中古埃及人穿着较少，并不是他们真的穿得少，而是因为文化理念的影响。古埃及人的行为都遵循玛阿特（Maat，），即和谐、正义、均衡、秩序和真理。在古埃及人对自身的认知中，强壮优美的身体形象最符合玛阿特的理念。因此在庄重的场合中，人们总是以最美、最正确的形象出现，这也是为什么古埃及图像中的人们穿得不多。

在研究古埃及服饰时，我们无法穿越到几千年前去亲身体验，因此所依据的材料仍是墙壁和草纸上的图像，这给研究带来了许多不便。为此，就需要尽可能寻找图像以外的其他材料作为补充，主要来自两个方面：一是实物，二是文字。文字不仅包含了对服饰的描述，更因为古埃及圣书体文字各个生动形象，其中许多服饰符号甚至直接成为人的装饰，或干脆就是符号本身。这样的研究并不容易，研究者仅懂服装是不够的，对服装史的了解也起不到太大帮助。需要对古埃及的历史文化有深刻的理解，还需掌握古埃及语言文字，对服装史也要有一定的心得。通读本书，能够看出这是内行之作。成书过程可谓漫长，作者不仅需要阅读大量文献和图像，还要对图像材料进行细致的分类和筛选，并进行理性的思考。师兄师弟们也没少参与讨论，多有贡献。

这本书在古埃及服饰研究方面作出了贡献。过去，我们对古埃及服饰的了解仅限于少量简单的介绍，很难通过这些介绍对古埃及服饰理念、穿着细节等有深入的理解，因为很少有真正懂埃及学的学者专注于这一领域。谈及古埃及服饰的文字也难免浅薄，甚至完全不符事实。好在有了这本书，这是一个很好的开端，能让读者看到一个真正的相对全面的古埃及服饰研究成果。

古埃及服饰研究

2024年9月31日

目录

导 论

古埃及服饰概述

衣食住行是人类日常生活的基本，其意义无论给予何种高度评价都不过分。马克思、恩格斯指出："人们为了能够创造历史，必须能够生活。但是为了生活，首先就需要衣、食、住以及其他东西。因此，第一个历史活动就是生产满足这些需要的资料，即生产物质生活本身。"❶

服饰在满足古人对于遮羞、挡风遮雨和抵御伤害等基本需求的同时，还被赋予了文化意义。"以当代历史研究的出发点来说，服饰作为一种人类社会的客观存在，作为一种历史的文化符号，作为一种人类社会的生活方式，它所具有的信息含量和历史价值是巨大的，服饰文化的历史已经成为对人的生存状态的一种历时的独特描写和叙述。服饰现象和人的服饰作为一种具体的生活方式，在整个社会生活史、文化史研究中有很重要的理论价值。"❷此言虽是针对中国古代服饰而言，但同样适用于古埃及。文化意义上的服饰通过外在形态一方面体现了穿着者个人的物质生活与精神生活，另一方面也体现了穿着者作为社会成员在社会等级秩序中的位置。以上仅是服装对于个人与社会的意义，服饰对于一个民族而言往往是其文化的重要组成部分，尤其在古代社会，服装是使一个民族区别于其他民族的最显著的外在特征。

服饰作为一种非文字性的史料，也可以传达一个时代的风貌，通过对特定背景下服饰的研究，可以为今人展现古代社会物质生活与精神生活的发展与演变。同理，对古埃及服饰的研究也有助于丰富今人对于古埃及文明的理解。

人们总是将"服"与"饰"并列，古埃及服饰作为这个文明古国最具代表性的外在特征之一，对于当代民众而言具有巨大的魅力，但学术界在服装与饰品两个研究领域的成果却相差悬殊。造成这种局面的根本原因是，在古埃及存世文物当中，服装与饰品的数量极不均衡。

古埃及饰品的质地多为陶器、玻璃、釉料、象牙、宝石以及金银等贵金属，这些物品的主要化学成分大多为比较稳定的无机物，因而易于长期保存。因此，虽然对古埃及的盗墓行为古已有之，甚至古代王陵几乎全部被盗掘一空，仅著名的图坦卡蒙墓得以幸免，但历经漫长岁月之后仍有大量饰品实物存世。以此为基础，相关研究取得了丰硕的成果。甚至新中国田野考古领域的奠基人夏鼐先生也在英国求学期间把古埃及人制作饰物的珠子作为博士论文的研究对象，探讨加工工艺在不同时

❶ 马克思、恩格斯：《马克思恩格斯选集》（第一卷），北京：人民出版社，1972年，第32页。
❷ 苑涛：《论中国古代服饰的文化形态》，《文史哲》2004年第5期，第42页。

期的技术特征与演变。❶ 而这个例子也足见古埃及饰品研究之细致，珠子虽小却足以支撑洋洋洒洒数十万言。

与之相较，以亚麻或羊毛制成的衣物若要经受岁月的考验需要较为苛刻的环境。最重要的衣物实物当数图坦卡蒙墓中出土的百余件国王御用衣物，但发掘者霍华德·卡特（Howard Carter）在公开出版的书中只提到了较贵重、较吸引人眼球的器物，对这些衣服几乎只字未提，而且其最初的发掘记录至今未公开。另外，古都底比斯（Thebes）近郊的麦地那工匠村（Deir el-Medina）墓地也集中出土了百余件衣物，均为工匠们的日常穿着。但这些工匠是一个非常特殊的群体，他们以建造王陵为职业，有专门的手艺，一切吃穿用度均有官府供给，能享受休假，不时还能收到王家的赏赐。因此，他们的衣着在古埃及平民阶层当中是否具有普遍性不得而知。再就是零星出土并被各博物馆收藏的少量实物，以出土于塔尔罕（Tarkhan）的衣物为例，W. F. 皮特里（W. F. Pietre）于1912年在开罗以南60公里处的该地考古，在2050号墓中发现了一团麻布，并将之带回英国伦敦大学学院（University College London），然后就将此事遗忘。直到1977年，研究人员重新检视这团麻布时才发现这是三件古代衣服，并通过碳14测年法将其年代定为公元前2362年前后，也就是第五王朝下半叶。此时距离这些衣服出土已过去60余年，而这则小故事本身也反映出过去的研究者对衣物的轻视。

古埃及服装实物的稀少直接导致以古埃及服装为主题进行全景式研究的文章数量稀少。而且，实物史料的匮乏不仅是古埃及服饰文化研究所面临的困境，各地区古代文明的服饰文化研究都面临着同样的困境。从2003年开始，各国考古学者开始定期举办"国际古代织物研讨会"（International Conference of Ancient Texitle），并将会议论文以集刊形式以"古代织物系列"名义出版。但在参会论文当中，凡是涉及较早时期的论文，极少见到较为完整的织物，大多是残破的布片甚至是一些线头。回到古埃及服饰文化的研究领域，最重要的文章已是百余年前由美国人B. M. 卡特兰（B. M. Cartland）女士发表的一篇论文，分两期连载于美国的《大都会博物馆馆刊》。❷ 目前对于古埃及服饰的研究主要是以下几种方式：一是以实物为对象，从文物鉴定和文物保护的角度进行研究，例如学界对塔尔罕出土衣物的相

---

❶ 夏鼐：《埃及古珠考》，颜海英、田天、刘子信译，北京：社会科学文献出版社，2020年。

❷ B.M.Cartland, *The dress of the ancient Egyptians: Ⅰ.In the Old and Middle Kingdoms*, *The Metropolitan Museum of Art Bulletin*, 1916（11），pp.166-171; *The dress of the ancient Egyptians: Ⅱ. In the empire, The Metropolitan Museum of Art Bulletin*, 1916（11），pp.211-214.

关研究❶。二是以图像史料为对象，进行考古学方式的研究。以J.哈维（J. Harvey）的《古王国时期的木质雕像》为例，该文以古王国时期的木质雕像为研究对象，根据人物的姿势、假发、衣物、配饰等外在特征进行了归类。❷其研究虽细致区分了衣物以及配饰的细小差别，但并不过多猜测衣物的材质以及可能的穿着方法。另外，许多雕像由于出土较早，具体出土地点已不可考，加之缺少铭文，雕像中的人物身份无从考证，因此，作者亦未过多解读服饰的差别所折射的社会文化意义。三是结合图像史料与实物史料，对某一时代或某一种类的衣服进行研究。E.施忒赫林（E. Staehelin）的《古王国时期埃及服装研究》（1966），只研究了古王国时期的服装。❸G.M.福格尔桑-伊斯特伍德（G. M.Vogelsang-Eastwood）的《法老时代的古埃及服装》（1993），则着重从技术层面研究古埃及衣物的制作与穿着方式❹。另外，S.A.科利尔（S.A.Collier）的《法老的王冠：它们在古埃及王权中的发展和意义》（1996）虽侧重研究古埃及的冠冕，但古埃及冠冕与服装一样存世稀少，作者依靠图像史料与文字史料梳理了王冠形式的演变及其政治意义，其写作方法对本书尤其具有启发意义。❺荷兰学者J. J.杨森（J. J. Janssen）另辟蹊径，在其《代尔麦地那的日常服装》对工匠村文献当中的衣物的交换价格、交换数量、穿洗频率进行了归纳，并试图以此线索探析古埃及平民日常服装的形制，但后一项努力收效甚微。❻

　　国内学者无论从历史学科的角度，还是从服装学科的角度，都对中华民族传统服饰文化进行了大量研究，相关著述可谓汗牛充栋。但国内学者尚未将研究延伸至古埃及服饰这一领域，服装学科的学者在编写世界服装史教材时对古埃及服装有所涉及，例如李当岐的《西洋服装史》❼主要依赖日本学者的转述，而且因篇幅限制而不能详细论述。

　　尽管大众对于古埃及服饰抱有较大兴趣，但已出版的面向普通读者的通俗读物存在一定问题。因为编写者既不懂服装，也不懂历史，对古埃及服饰的解释流于肤

❶ S.Landi and R.Hall, *The Discovery and Conservation of an Ancient Egyptian Linen Tunic*, Studies in Conservation,1979（24）, pp.141-152.

❷ J.Harvey, *Wooden Statues of the Kold Kingdom, a Typological Study*, Leiden: Brill, 2001.

❸ E.Staehelin, *Untersuchungen zur ägyptischen Tracht im Alten Reich*, Berlin: Verlag Bruno Hessling, 1966.

❹ G.M.Vogelsang-Eastwood, *Pharaonic Egyptian Clothing*, Leiden: Brill, 1993.

❺ S.A.Collier, *The Crowns of Pharaoh: their Development and Significance in Ancient Egyptian Kingship*, Ph.D.dissertation of University of California, Los Angeles, 1996.

❻ J.J.Janssen, *Daily Dress at Deir el-Medina, Words for Clothing*, London: Golden House Publications, 2008.

❼ 李当岐：《西洋服装史》，北京：高等教育出版社，2005年第2版。

浅且片面。例如，有作品看到浮雕中的男性大多赤裸上身，就认为古埃及人终年如此，并牵强附会地解释为古埃及人主观上喜欢袒露身体，或者将其解释为埃及天气炎热所致，而忽略埃及冬季也有低温的事实。再如，有作者看到彩绘壁画中古埃及人的衣服总是白色，于是把原因解释为古埃及人在主观上崇尚白色，但古埃及人使用的其他器物以及身上的配饰显然具有丰富的色彩，表明古埃及人深爱着这个色彩缤纷的世界，其穿着素色衣物更多的是因为无其他色彩可选，而根本原则是给布料染色与绘制彩色壁画是完全不同的技术，种类有限的染料与媒介长期制约着古埃及印染技术的发展。另外，目前关于古埃及服装的中文读物多参考西方著述，但西方著述本身在介绍古埃及服饰时亦存在一词多译、一物多名的现象。以古埃及语言文字当中 Snd.wt 为例 ❶，该词泛指古王国时期男子所穿的长度由腰部至膝盖的各种款式的围裙，但在英语著述中被不同学者分别称为 apron、kilt、skirt 和 loin cloth 等，受此影响，不同的中文译著采用诸如围裙、短裙、兜裆布、裹腰布以及劳音克洛斯等译名，可谓五花八门，令读者莫衷一是。

从上述例子中不难发现有两个根本性的问题需要解决：一是在缺乏实物史料的前提下，如何正确地解读浮雕、壁画和雕像等图像史料；二是古埃及人在制作服饰时究竟运用到哪些资源与技术，因为这两个客观条件在相当程度上制约着古埃及服饰的形式。本书希望能够基于这两个基础问题，在缺乏足够实物史料的前提下，结合图像史料与文字史料，对古埃及服装与配饰的社会意义进行更加客观、全面的探究。

第一章概括本书所依据的史料，并着重探讨这些史料的可信度以及运用方法。图像史料虽数量最多，但古人并未言明图画中衣物的称谓，今人只知其形而不知其名。文字史料数量虽也多，但古埃及并无《说文解字》《尔雅》之类的字书，许多词汇今人只知其名而不知其形，致使图像史料与文字史料之间难以印证。另外，作为图像史料的壁画、浮雕与雕像大多供统治阶级追求来世使用，并不总是真实反映现实情况，但设计者在创作过程中又以现实为基础，具有一定可信性。

第二章探索古埃及国王、贵族、平民男性服饰及配饰，以及在战场、重大节庆等特殊场合的穿着。由于实物史料的稀少，本章不过多涉及衣物的制作方式，而着重探讨衣物形式的演变以及衣物背后的文化意义。

第三章按照时代顺序探讨女性的服饰及配饰。基于同样原因，本章不过多涉及

---

❶ A. Erman、H. Grapow eds., *Wörterbuch der Aegyptischen Sprache*, Berlin: Akademie Verlag, 1950, Vol.5, p.552.

衣物的制作方式，而着重探讨形式的演变以及衣物背后的文化意义。同时本章还注意区分同一时期不同阶层、不同分工的女性在穿着方面的区别。

第四章探讨古埃及各类服饰风格的流变历程。

第五章探讨古埃及人制作服饰和配饰所能够凭借的物质条件和技术条件。物质条件方面探讨了古人所能接触到的纤维、染料及其他原材料。技术条件方面则探讨古人在纺织、制皮、印染、裁剪、缝纫等方面所掌握的工具和技术水平。

第六章探讨古埃及与周边地区在服饰文化方面的互动交流及其对后世的影响。

第一章

古埃及服饰研究材料

第一节　壁画与浮雕中的服饰

本书所称的图像史料指古埃及的壁画、浮雕等平面图像以及木雕、石刻等立体造像。这类图像史料绝大多数出自宫庙建筑或国王与贵族的墓葬，另有少量出自工匠村的工匠墓葬。其享用者所处的时代、社会地位以及主要诉求在相当程度上决定着这些史料的形式与内容。因而，笔者首先需要分析这些史料的史料价值和可信度。

一、陵墓壁画浮雕中的服饰

（一）国王墓葬

首先是出自王室墓葬的图像史料。墓葬是人类文明从古至今重要的文化遗存之一，对于许多古代文明而言，墓葬是今人窥见其文化的重要窗口。尤其在古埃及，墓葬有着十分重要的文化意义。古埃及人的传统观念认为生前所处的现实世界仅为临时的过处，死后进入的世界才是永恒的居所。古埃及文明的生死观与来世观也是其文化中极为重要的组成部分，深刻影响了古埃及人的日常生活、宗教信仰、艺术表现和社会结构。古埃及人对生与死的理解不仅体现了他们对生命意义的探索，也反映了他们对宇宙、神灵和人类存在的思考。以下将从生死观的基本信念、来世观的构建、宗教仪式与实践，以及对后世的影响几个方面进行详细探讨。

古埃及人认为，生命与死亡并不是对立的存在，而是一种循环关系。生死被视为一个不断循环的过程，死亡并非生命的终结，而是另一种存在状态的开始。许多古埃及的神话中都体现了这种生死循环的理念，尤其是与农业和自然现象相关的神话。他们相信每个人都有多个灵魂，其中最重要的包括"巴"（Ba）和"卡"（Ka）。巴是人的个性和灵魂，通常被描绘为一只飞翔的鸟；而卡则是生命力的体现，代表着一个人的存在能量。这种灵魂观念使得古埃及人在面对死亡时，依然感到希望与安慰。

在古埃及的社会中，法老被视为神的化身，既是国家的统治者，也是宗教的领袖。法老的生存和死亡被认为直接影响国家的安危和丰收。因此，古埃及人对法老的生死尤为重视，认为法老的灵魂会在死后继续统治来世。古埃及人坚信，死亡之后，灵魂将进入一个新的存在状态，称为"来世"。在古埃及的宗教信仰中，来世是一个理想的世界，被称为"永恒之地"，充满平安与幸福。

在古埃及的信仰体系中，死者的灵魂在进入来世之前必须经历审判。死者的心脏会在阴间的审判法庭上被称重，与一根象征真理与正义的羽毛（女神玛阿特的象征）进行对比。为了顺利进入来世，古埃及人采取了一系列准备措施，包括为死者进行木乃伊化、在墓葬中放置陪葬品和食品，以及在墓室内进行壁画装饰。这些准备被认为可以帮助死者在来世生活得更加安逸与幸福。古埃及的丧葬仪式非常复杂，通常包括洗净尸体、木乃伊化、包裹尸体和安葬等步骤。丧葬过程中，祭司会进行宗教仪式，念诵经文，为死者祈求来世的安宁。死者的家属会定期前往墓地进行祭祀，向死者献上食物、饮品和香火，以维持与死者灵魂的联系。这种祭祀被视为对逝者的尊重，也是对家庭和祖先的责任。

古埃及人通过壁画、浮雕和雕塑等艺术形式表达他们的生死观与来世观。在墓葬的壁画中，常常描绘死者在来世的生活场景，包括狩猎、宴会和与神灵的互动，反映出古埃及人对美好来世的向往。由于古埃及人有如此的来世观念，因此上至国王下及平民都非常重视对自己墓葬进行修建、装饰以及布置，并有子孙后代或者祭司定期进行祭祀。正因如此，古埃及人的墓葬中保留有丰富的壁画浮雕，这些图像有些描绘了墓主人生前的日常生活，有些则描绘了他们想象中的来世。这些图像直观地为今人展现了古埃及各个阶层、各个群体的服饰。国王作为埃及的最高统治者，自然有权享用整个国家的一切财富和最优秀的工匠。因而，王室墓葬在任何时代都代表着当时最高的工艺水准。

早在前王朝时期（约公元前5300—前3000年），亦即埃及即将步入阶级社会的时候，一些部落领袖的坑型墓已颇为精致，墓室中出现了彩绘壁画。❶在希拉康波利斯（Hierakonpolis）的涅伽达文化Ⅱ期（Naqada Ⅱ，约公元前3500—前3200年）遗址中，100号墓就因其长方形墓室的部分墙壁上绘有彩绘壁画而得名"画墓"（Painted Tomb）。这是迄今为止发现的唯一一个有绘画的前王朝墓葬。这个墓葬是一个矩形的砖砌和抹灰的墓室，墙壁上有彩绘，并有一面砖制隔墙。墓室的抹灰泥砖墙壁上涂有红色、黑色和白色的颜料，描绘了一系列沿河航行的船只，伴随着许多小场景。尽管壁画因年代久远而斑驳，且描绘人物的笔法仍甚稚嫩，但足以使人分辨出当时的男性服装存在不同类型（图1-1）。

---

❶ 郭子林：《古埃及王室墓葬与王权的形成、发展》，《世界历史》2010年第2期，第111页。

图 1-1　希拉康波利斯 100 号墓壁画局部

　　早王朝时期（约公元前3000—前2686年，也即第一、第二王朝），王室墓地位于埃及南方的阿拜多斯。王室墓葬较前王朝时期的坑型墓有了较大发展，其地下墓室的规模更大、结构更复杂，地上结构则为土坯砖堆砌而成的长方体，因形似现代埃及的长凳而被称为"马斯塔巴"（mastaba）。但在阿拜多斯的早期王室墓葬很早就遭到盗掘破坏甚至被纵火焚烧。根据现场残存的木片以及较晚时代的马斯塔巴的形制推断，这些王室墓葬的墓室原本应有木板作衬里并绘有壁画，其被破坏令人甚感遗憾。

　　古王国时期（约公元前2686—前2160年，亦即第三～第六王朝），王室墓葬在马斯塔巴的基础上发展演变为金字塔，❶而且金字塔周围还建有众多附属建筑，如河谷庙、坡道、葬祭庙等。金字塔内部的墓道、墓室起初并无装饰，直到第五王朝末代国王乌纳斯（Unas，约公元前2375—前2345年）的金字塔中才出现了铭文与装饰性的线条与符号，但人物肖像图案始终未在金字塔内部出现。各种附属建筑虽然曾经刻有大量的铭文与壁画浮雕，但这些建筑位于地表之上，经过数千年的风沙侵蚀和人为破坏，大多损毁严重。其中，第三王朝（约公元前2686—前2613年）国王左塞尔王（Djoser，约公元前2667—前2648年）的金字塔建筑群保存最为完好。左塞尔王的阶梯金字塔不仅是古埃及建筑史上的重要里程碑，更是古埃及文化和宗教信仰的集中体现。这座金字塔的建造不仅关乎法老的葬礼与安息，更深刻地反映了古埃及人对生命、死亡和来世的理解，以及他们对权力和神圣性的看法。

　　在古埃及，法老被视为"神之子"，不仅是国家的统治者，也是神圣的宗教领袖。他们的地位超越了普通人，既是人间的王者，也是与神明沟通的桥梁。左塞尔王的阶梯金字塔是他在世时地位的象征，也是他死后继续统治的工具。金字塔的建

❶ 令狐若明：《让时间"惧怕"的古埃及金字塔》，《大众考古》2014年第8期，第78-80页。

造展示了法老的权威和力量，巩固了他在人民心目中的神圣形象。阶梯金字塔的设计灵感来自早期的巨石墓，金字塔的每一层都向上延伸，仿若法老通向天界、通往神灵的阶梯。这种设计不仅体现了古埃及人对宇宙秩序的理解，也反映了他们对生命与死后世界的信仰。阶梯金字塔内部有多个房间和走廊，其中包括专门的祭祀房间和墓室。在法老去世后，举行的葬礼和祭祀仪式是古埃及宗教生活的重要部分。这些仪式旨在确保法老在来世中的顺利转世，并维持他在神界的地位。祭司们通过献祭、诵经等方式，与神灵沟通，祈求法老在死后能够继续获得保护和庇佑。

左塞尔王的阶梯金字塔不仅是他的安息之所，也是他在来世生活的起点。金字塔内的壁画和雕刻通常描绘了法老在来世的日常生活，包括狩猎、宴饮等场景，这些画作旨在确保法老在另一个世界中也能享受生前的荣华富贵。金字塔的建造不仅仅是法老个人的事，也是整个社会的共同努力。为此建筑投入的大量的劳动力、资源和技术，反映了古埃及社会的组织能力和政治制度。金字塔的规模和复杂性象征着国家的强大与统一，展示了法老作为统治者的力量和智慧。社会各阶层在这一伟大工程中各司其职，体现了对法老的忠诚和对宗教信仰的虔诚。左塞尔王的阶梯金字塔不仅是古埃及文明的杰出代表，也为后来的金字塔建筑提供了宝贵的经验与灵感。此后，胡夫金字塔和其他金字塔的建造都受到其影响，进一步推动了古埃及建筑和文化的繁荣。阶梯金字塔的设计理念和宗教象征影响了后代的建筑风格和宗教信仰，也成为古埃及文化的重要组成部分。此外，萨卡拉地区（Saqqara）第五、第六王朝时期的王陵也有少量建筑保存较好。总体而言，出自这一时期王室墓葬当中的浮雕与壁画数量有限，但在陵区分散出土的国王雕像则是重要的史料。

中王国时期（约公元前2040—前1786年，即第十一、第十二王朝）的王室墓葬继续沿用金字塔造型。第十一王朝定都于底比斯，由于该地在新王国时期仍作为古埃及的都城，第十一王朝时期建造的建筑大多在后世被拆除以腾出空间建造新建筑。孟图霍特普一世在代尔巴赫里的葬祭庙如今被毁严重，其他几位国王的墓葬至今下落不明。关于孟图霍特普一世的葬祭庙，本书主要依据瑞士人爱德华·纳维尔的《代尔巴赫里之第十一王朝神庙》系列考古报告。❶

第十二王朝迁都至如今的利什特（el-Lisht），在这里辛努塞尔特一世为自己修建了金字塔。但由于这两个王朝在再度统一古埃及的同时未能有效消除国内的割据势力，因而不能像先前那样调动全国之力，此时的金字塔已不如古王国时期那般宏

---

❶ E.Naville, *The XIth Dynasty Temple at Deir el Bahari*, London: The Egypt Exploration Fund, 1907–1913, 3 vols.

伟。许多金字塔甚至仅外壳为石料，内部的主体则以土坯砖砌成。其中最为人所熟知的应当是阿蒙涅姆赫特三世（Amenemhat Ⅲ）在哈瓦拉地区修建的金字塔。

　　阿蒙涅姆赫特三世在其统治的初期，就于代赫舒尔（Dahshur）建造了传统的古王国金字塔建筑群。在他统治的后期，他在法尤姆绿洲入口附近的哈瓦拉（Hawara）建造了第二个金字塔建筑群。第二个金字塔建筑群沿用了左塞尔王在第三王朝首次采用的以南北为主的方位。阿蒙涅姆赫特三世是最后一位伟大的金字塔建造者，但他遵循了第一位伟大的金字塔建造者左塞尔王时期的设计，使埃及金字塔建筑群的历史脉络更加完整。阿蒙涅姆赫特三世在代赫舒尔建造的金字塔如今看起来只是一座泥砖塔。最初，每边长105米，高75米，金字塔的核心部分由泥砖构成，表面则为石灰石。东西两边分布着不同的入口，它们通向一系列复杂的房间和隧道。这座金字塔的内部更像左塞尔金字塔。在国王统治的第十五年（约公元前1803年），一些内部房间开始倒塌。当这些建筑工人们意识到他们的错误时，他们很可能即将完成最后部分的建造。于是位于哈瓦拉的一个新金字塔建筑群成为阿蒙涅姆赫特三世的最后归属，他在哈瓦拉的金字塔几乎与他在达舒尔的金字塔大小相同。金字塔的每边长105米，高58米，比达赫舒尔金字塔矮了17米。显然，哈瓦拉金字塔的建造者减小了金字塔的角度，从而降低了金字塔的高度，以避免他们在建造达赫舒尔金字塔时遇到的问题。他们还大大减少了内部墓室和隧道的数量。墓室只有一个南入口，南入口与建筑物的总体南北方向相呼应，就像左塞尔在萨卡拉的金字塔建筑群的设计一样。总体而言，阿蒙涅姆赫特三世在哈瓦拉建造金字塔时遵循了左塞尔金字塔建筑群的模式。哈瓦拉建筑群总长385米，宽158米，呈南北走向。金字塔葬祭神庙位于整个建筑群南侧，与古王国时期发现的东部金字塔神庙完全不同。葬祭神庙的规模庞大，以至于造访此处的古希腊和古罗马的游客将其称为迷宫，将其与传说中的克里特岛米诺斯迷宫相比较。如今，阿蒙涅姆赫特三世的建筑几乎完全消失，只有古希腊和古罗马作家例如希罗多德、曼涅托、狄奥多罗斯、普林尼等人的著作为现当代学者的研究提供帮助。在古罗马时代，附近曾有古罗马军团的军营，驻军从金字塔和配属建筑上拆下大量石料以建造军营，导致当地的王陵遭到严重破坏，可供参考的图像材料极少。

　　新王国时期（约公元前1550—前1069年，即第十八~第二十王朝）是古埃及王室墓葬发展的巅峰。这些墓葬位于现今卢克索地区尼罗河西岸的两条山谷，墓道开凿于山岩之中。其中一条山谷亦因汇集众多王陵而被今人称为"帝王谷"，在古埃及语中，此地被称作是"底比斯西部法老、生命、力量和健康的宏伟墓地"，与之相邻的另一条山谷因类似的原因而被称为"王后谷"。两条山谷中坐落着百余座古埃及王室墓葬，每座墓葬都由数间乃至数十间墓室及连接墓室的甬道组成，墓室墙壁上均有浮雕铭文以及彩绘壁画。帝王谷中的艺术作品代表了古埃及艺术的巅峰。鲜艳的色彩和细致的细节在千年间得以保存，为我们提供了对当时美学和技术的宝贵见解。

由于彩绘壁画所使用的颜料多为无机的矿物质，加之墓室干燥、阴暗，因此色彩保存较好，能清晰地展现每个人物形象着装的色彩搭配。例如在国王拉美西斯三世11号墓（KV-11）的一处壁画上，奥西里斯神身着白袍，系绿色腰带，头戴阿特夫冠；其他神身着深绿色上衣，黄色竖条纹围裙，大臂与小臂均佩戴黄绿相间的配饰，肩披黄色编织披肩。其色彩之丰富在先前的壁画与浮雕中罕见，为今人考察古埃及服饰的色彩提供了生动直观的图像材料。尤其第十八王朝国王图坦卡蒙的62号墓在20世纪20年代才被发现，而且在古代仅经历一次未遂的盗掘，壁画保存状况非常理想，但其最重要的价值是刻画了国王在日常休闲场合的着装。壁画中的国王头戴方巾，肩披巨大的四色项链，上身赤裸，下身穿及膝白色围裙，腰间饰以绿黄色相间的腰带，整体装束简洁大气又不失国王之威严。本书所依据的史料主要出自美国驻埃及研究中心（American Research Center in Egypt）的"底比斯地图项目"（Theban Mapping Project）所提供的资料库。

另外，在位于尼罗河西岸一侧代尔巴赫里的女王哈特舍普苏特的葬祭庙是现存最为宏伟的神庙之一。神庙开凿于山谷之中，主体建筑共分三层，每层建筑均由坡道相连。哈特舍普苏特是古埃及最著名的女王，她在位统治期间古埃及国力繁盛，与周边国家经济文化交往频繁。[1]神庙的壁画浮雕主要描述了哈特舍普苏特神圣诞生的故事，此外也描述了女王指派使臣远征外国领土的经过。从中可以获取这一时代人物的服饰风貌，特别是王室女性成员的服饰特点。神庙外的斯芬克斯大道中，有许多不同姿态的女王雕像，这些雕像或站、或坐、或跪，形态各异，栩栩如生。这座葬祭庙的建筑规格足以体现当时王室财力的丰厚[2]。

新王国时期结束后，埃及的政治重心转移至北方，尤其是尼罗河三角洲地区。尼罗河三角洲是由河流沉积物形成的平坦低洼区域，地势较低，河流在此分流成多个支流，形成了一个广阔的湿地和湖泊网络。这种地形使该地区的土壤非常肥沃，适合农业发展。三角洲地区属于亚热带干旱气候，夏季炎热干燥，冬季温和湿润。

[1] J.Lipinska, "Deir el-Bahri", in D.B.Redford（ed.）, *The Oxford Encyclopedia of Ancient Egypt*, Vol.1, Oxford: Oxford University Press, 2001, pp.367-368.

[2] E.Naville, *Deir el Bahari*, London: The Egypt Exploration Fund, 1894-1908, 6 vols.

尽管降雨量较少，但尼罗河的季节性洪水为三角洲提供了必要的水源和营养物质，维持了农业的繁荣。同时尼罗河作为三角洲的生命线，每年夏季的洪水为土地带来了肥沃的淤泥。这些淤泥使三角洲的土壤非常适合种植小麦、大麦、亚麻和其他作物。而三角洲的湿地和湖泊为各种动植物提供了栖息地，尤其是水鸟和鱼类，成为古埃及人重要的食物来源，丰富的生物多样性也促进了人们的渔业和狩猎活动。但是由于当地富含地下水，王室墓葬保存状况极差，鲜有壁画存世，加之许多国王由于国力衰退盗用并篡改用前人的物品，致使雕像等史料的研究价值受到影响。总而言之，笔者所依据的图像史料以新王国时期王陵当中的壁画为主，其次是出土于古王国时期各处王陵的国王雕像。

（二）贵族墓葬

贵族墓葬是图像史料的另一重要来源。贵族墓葬相较于王室墓葬规模上略小，但存世数量庞大。贵族墓葬一般位于墓主人生前所治理管辖的区域之内，有些具有较高地位和成就的贵族也会随葬于王室墓葬周围，因此几乎埃及全境皆有贵族墓葬分布，它们形制多样，风格各异，能体现不同地区的地域特点。古埃及的贵族是处于国王与平民之间的一个规模可观的群体。在同一时代，贵族有地位高低的区分，可能导致其服装也不尽相同。在不同时代，贵族尤其是大贵族的经济基础不同，其地位与财力决定了墓葬的规格，进而影响着出土的图像史料的形式、内容甚至做工。

笔者在研究贵族服装时所面临的首要困境就是有时难以判断贵族之间的地位高低，因而难以确定某些服装的穿着是否局限于一定的社会地位。古埃及在进入文明阶段之后，国家机器不断发展完善，从古王国时期开始，每个较为统一的王朝均设立有多种多样的官职。学者们或研究贵族与贵族之间的职务分工，或试图厘清特定时期不同官职之间的品级高低，例如克劳斯·贝尔的《古王国时期的等级与头衔：第五、第六王朝埃及的行政架构》。但由于种种原因，例如低级官吏留下的史料包含文字内容较少，高级官员往往在正式官衔中加入大量修饰语，仿佛官衔越冗长就越能反映出官职的显赫，又或者往往为体现文采而以同义替换的方式将正式官衔替换为相近的表述，以至于今人不能准确判断多数官职在整个官僚体系中的确切位置，甚至不能确定某些头衔是否为正式官衔。但今人对古埃及官僚体系的组织架构终归具有大致的了解。例如，在古王国时期众多表示等级的头衔当中，"国王所知晓之人"（rx-nswt）是大贵族与中等贵族之间的分水岭，凡是担任"宰相"（此时称tAyty sAb TAty，不同于后世的tAty）之职的大贵族，其所持有的头衔均高于前述头衔，而持有前述头衔或等级更低的贵族最高只能在宰相之下的"王宫"（Hw.

t-wr.t）、"王家档案"（sS-a-nswt）、"营建"（kA.t）、"粮仓"（Snw.t）、"银库"（pr-HD）这五大重要部门担任"总管"（jmy-r）。❶但在此基础上，仍有大量细节问题留待进一步研究。

笔者还需面临另一个难题。在每个特定的时代，图像史料的形式与内容在相当程度上由贵族的经济基础决定，因而并非每一个贵族群体都能留下足够的史料，笔者难以对每个时代的贵族服装进行全景式的概括。

早期贵族墓葬基本沿袭了王室墓葬马斯塔巴的造型。对早王朝时期而言，从理论层面上讲，"贵族墓的规模并不比王陵逊色，可见这个时期国王在贵族奴隶主阶级中还未占有显著的特殊地位"❷。但由于此时的生产力水平仍处于较低水平，即使大贵族也未留下太多肖像，精美程度能达到"纳尔迈调色板"水平的更是世所罕见。

到古王国时期，国王与大贵族之间的差异有所扩大。而此时的大贵族仍是占有大地产的氏族贵族，他们有充足的财力为自己营建雄伟的墓葬并装饰以精美的浮雕。图案的主题可以归为以下几类：①墓主人视察庄园劳动；②墓主人接收庄园献贡；③已故的墓主人坐在供桌后面或者站立着接受献祭；④树立在墓道、门廊或古埃及特有的假门处的墓主人立像。与这一时期贵族服饰相关的史料正是古都孟菲斯（Memphis，今开罗附近）的大贵族墓葬中的精美肖像。例如，贵族墓葬的壁画浮雕多有描绘其生前生活的场景，例如第三王朝高官赫斯·拉的马斯塔巴墓中，就描绘了他刚受封为官员时的打扮，在浮雕中，赫斯·拉赤裸上身，下身着围裙，手中则拿着书吏常用的调色板和苇秆笔。第五王朝地方官员卡尼尼苏特的马斯塔巴墓中，描绘了奏乐场景。在场景中，墓主人卡尼尼苏特站在最显眼的位置，手握权杖，上身披兽皮，下身着白色亚麻围裙，而面对他的是11位乐手，这些乐手皆着白色及膝围裙，赤裸上身，演奏不同的乐器。第六王朝官员赛舍姆奈菲尔的马斯塔巴墓中，更是描绘了农忙收获时节的场景，数位农民着简单便利的工作服，正在为丰收的喜悦而载歌载舞，生动形象，栩栩如生。就肖像所反映的情况来看，这些大

---

❶ 这些头衔大多源自古埃及文明形成初期的官衔，但早在古王国时期就已不再有具体的职守，而被单纯用作区分大贵族地位高低的虚衔。"王子"头衔的持有者也未必是真正的王子，除非写作"国王亲生的王子"（sA nsw.t n X.t=f）。参见：K.Baer, *Rank and Title in the Old Kingdom, the Structure of the Egyptian Administration in the Fifth and Sixth Dynasties*, Chicago: University of Chicago Press, 1960; N. Strudwick, *The Administration of Egypt in the Old Kingdom*, London: KPI Limited, 1985, pp.337-346.

❷ 刘文鹏：《古埃及》，林志纯编，《世界上古史纲》，天津：天津教育出版社，2007年，第207页。

贵族的服饰差异极小。❶其原因可能有以下三方面：一是这些大贵族彼此的身份差异不大；二是各自的服装应由大地产当中的纺织部门供给，因而制式较为趋近；三是这些墓葬集中于几个区域，其建造与装饰应由政府当中的某个部门专门负责，施工者之间甚至可能存在师承关系，因而装饰风格与人物形象上较为雷同。

在中王国时期，氏族贵族与其大地产衰落，官僚体系的中坚力量是作为中小奴隶主的地方贵族。❷在此之后，贵族墓葬逐渐演化为岩凿墓。相比于古王国时期占有大地产的大贵族，中王国时期的地方贵族既没有如此雄厚的财力，也缺少规模可观且手艺精湛的工匠为其服务。例如，第一中间期末期的安赫提菲（Ankhtifi）即使贵为一州之长，其在莫阿拉（Moalla）的墓既谈不上规模宏大，也谈不上刻工精美。❸墓葬壁画描绘了捕鱼的场景。在壁画中一名渔夫上身着彩色条纹绑带，下身着四色条纹短围裙，手执鱼叉。此外墓室浮雕还描绘了安赫提菲手握权杖，披华丽项圈，着敞口围裙的形象。而这种服饰造型此前往往出现在国王身上，由此可见在第一中间期古埃及国家处于分裂状态下，地方行政首领所掌握的实权之大。

在贝尼哈桑（Beni Hassan）同为一州之长的阿蒙厄姆哈特（Amenemhat）的墓颇值一提，其墓室装饰放弃了费工费时的浮雕，而另辟蹊径改以彩绘壁画，对于研究中王国时期的服装极具价值。❹总体而言，由于这些中小贵族的资财有限，相应地，与这一时期贵族服饰相关的史料更多的是石碑与雕像。相较于前一个历史时期，此时的史料散布于埃及各地，雕刻者之间往往不具有师承关系，甚至雕刻工艺不升反降。然而，史料中所见的贵族服装虽然款式不多，且未突破古王国时期的基本形制，但长短、松紧以及搭配方式极其多样。

到新王国时期，尽管一方面存在阿蒙祭司集团势力逐渐发展的趋势，但另一方面王权也有所加强。随着地方贵族衰落，官僚贵族崛起，大批贵族原本出身于平民

❶ 国外考古工作者在孟菲斯附近的吉萨、萨卡拉等地进行了大量的考古工作，本书主要依据埃及本土学者哈桑的《吉萨发掘》系列考古报告，参见：S.Hassan, *Excavations at Giza*, Cairo: Government Press, 1936-1960, 10 vols;戴维斯在萨卡拉对若干马斯塔巴的考古报告，参见：N.Davies, *The Mastaba of Ptahhetep and Akhethetep at Saqqareh*, London: Egypt Exploration Fund, 1900-1901, 2 vols.

❷ 刘文鹏：《古埃及》，林志纯，《世界上古史纲》，天津：天津教育出版社，2007年，第220页。

❸ 本书主要依据法国人旺迪耶的考古报告，参见：J.Vandier, *Moalla, la Tombe D'ankhtifi et la Tombe de Sebekhotep*, Cairo: Institut Français d'Archéologie Orientale, 1950.

❹ 本书主要依据纽伯利、格里菲斯、卡特等人合著的系列考古报告，参见：P.Newberry, F.Griffith, and H.Carter, *Beni Hasan*, London: Egypt Exploration Fund, 1898-1900, 4 vols.

阶层，尤其是出身于其中的涅木虎群体。❶这些人由于个人的功劳与国王的宠爱而得到提拔重用，得以跻身于中小奴隶主的阶层，因而仅其中官职较高者有足够的资财在都城附近营建墓葬。

新王国时期的图像史料大多就出自底比斯周边的贵族墓葬。此时的史料多为底比斯地区贵族墓葬中的雕塑与壁画。由于新王国时期的贵族多为官僚贵族，其经济基础源于国王的恩赏，尽管国王赏赐的土地与奴隶数量有限，但由于生产力水平的显著进步，墓葬中的浮雕与壁画的工艺水平有显著提高，为了解此时服装又提供了宝贵史料。另外，由于有财力营建墓葬的贵族身份相近，肖像中所见的服装款式再度趋同。❷第十八王朝的维西尔拉赫米拉（Rekhmire）在底比斯西岸为自己建立了一座华丽的陵墓，并用自传体铭文记录下了自己生前的丰功伟绩。他的陵墓内部装饰也十分精美，彩绘壁画栩栩如生。除了他生前的日常生活场景描绘外，壁画中还生动地描绘了外国人来埃及进贡的场景，例如蓬特人带来的香料、努比亚人带来的长颈鹿、亚洲人带来的武器等。不仅为我们提供了古埃及上层关于的服饰范例，也向我们展示了古埃及周边外族的穿衣风格。

综上，只有先了解古埃及贵族的组成及其经济基础，才能更好地理解其服饰。从共时的角度来看，在特定的历史时期，大贵族的服饰必然比一般贵族的服饰更为华丽。而从历时的角度来看，随着时间推移，生产力水平与社会分化进一步发展，社会阶层在服饰奢华程度上的差异会越发明显。

（三）平民墓葬

本书所指的平民实际上既包括自由民，又包括奴隶。古埃及人大致使用"rmT"一词表示"民"，以"Hm"一词表示"仆"。但古埃及人没有明确地区分失去人身自由的"奴隶"与拥有人身自由但工作内容是侍奉他人的"仆人"，而且官员也自称是国王的仆人，祭司一词的字面意思也是"神之仆人"。此外，古

---

❶ 刘文鹏：《古埃及》，林志纯编，《世界上古史纲》，天津：天津教育出版社，2007年，第230页。

❷ 底比斯附近的古代墓葬众多，考古活动也多，本书选择诺尔曼·戴维斯的一系列考古报告作为参考，参见：Norman Davies, *The Tomb of Nakht at Thebes*, New York: The Metropolitan Museum of Art, 1917；*The Tomb of Puyemre at Thebes*, New York: The Metropolitan Museum of Art, 1922–1923, 2vols.；*The Tomb of Two Sculptors at Thebes*, New York: The Metropolitan Museum of Art, 1925；*Two Ramesside Tombs at Thebes*, New York: The Metropolitan Museum of Art, 1927；另参考尼娜·戴维斯的部分考古报告，参见：Nina Davies, *Scenes from Some Theban Tombs*, Oxford: Oxford University Press, 1963。埃赫那吞迁都至阿玛尔纳之后，贵族们曾在当地营建墓葬，是研究此时文化生活转型的重要史料，本书主要依据诺尔曼·戴维斯的《阿玛尔纳岩墓》系列考古报告，参见：Norman Davies, *The Rock Tombs of el-Amarna*, London: Egypt Exploration Fund, 1903–1908, 6 vols.

埃及人还有为战俘奴隶取埃及名字的习惯，例如第十八王朝初期的军官雅赫摩斯（Ahmose）从努比亚和西亚共获得19名男女奴隶，全部给他们取了埃及式样的名字。❶因此，今人经常难以明确地将古埃及的自由民与奴隶区分开来。

尽管平民是构成古埃及人口的主体，而且平民墓葬的数量远超贵族墓葬，但由于平民财力有限，许多墓葬只是简单的墓坑外加少量陪葬品。以2018—2019年国际联合考古团队在阿玛尔纳古都遗址北郊附近墓地进行的发掘为例，此次试探性发掘共清理33墓，其中仅1座有简陋的墓室，其余均为浅坑墓。其中仅两个墓坑发现有木棺，其余墓坑的遗骸均仅有一层裹尸布和一层以柽条与芦苇编织的席子。在发掘出的57具遗骸当中，仅1人去世时在50岁以上，另有6人超过了35岁，大多数人还在青壮年阶段就已去世。而且线状牙釉质发育不全（Linear Enamel Hypoplasia）以及退行性关节病（Degenerative Joint Disease）的高发病率表明这些人长期从事着重体力劳动且营养不良。❷这些人生活在新王国时期，也即古埃及最鼎盛的时代。而且就在同一座城，有一幅壁画描绘了国王埃赫那吞向宠臣赏赐黄金的场景，几串粗大的金链套在大臣的脖子上，甚至令人不禁为此人的颈椎暗暗担心。古埃及的贫富差距由此可见一斑。

另外，今人掌握资料较丰富的古埃及村落都是为兴建王陵而形成的工匠村。此类工匠村遗址有四座，在一定程度上为今人研究古埃及平民阶层的工作与生活提供了宝贵的考古证据。吉萨工匠村坐落于今开罗附近吉萨大金字塔建筑群的附近，其在几座工匠村当中历史最久，兴建于古王国时期。吉萨金字塔的工程浩大，需要调动庞大的施工队伍，工匠村的规模有限，其居民主要在金字塔工地从事技术性与管理性的工作。但由于该工匠村年代太过久远，遗存的图像史料较有限。

卡洪（Kahun）工匠村位于现今法尤姆绿洲的边缘地区。该工匠村兴建于中王国时期的第十二王朝。该王朝的国王辛努塞尔特二世（Senusret Ⅱ，约公元前1882—前1872年在位）出于种种原因而将都城迁至法尤姆绿洲，尽管城址的确切位置迄今未被找到，但利施特周边区域至今仍耸立着若干座金字塔。卡洪工匠村就是为兴建都城以及周边的宫庙建筑而设立，以安置庞大的劳动队伍。工匠村位于金字塔群东北方大约3公里处，整体格局呈极其规整的网格状，可见其在设立之前经过了人为的规划，而非自然聚居而成。在工匠村内部，精英阶层与普通人分别居住

❶ Kurt Sethe, *Urkunden der 18.Dynastie*, Leipzig: J.C.Hinrichs' sche Buchhandlung, 1906, Vol.1, p.11.

❷ Anna Stevens,Gretchen R.Dabbs, *Tell el-Amarna, Autumn 2018 to Autumn 2019*, *Journal of Egyptian Archaeology*, Vol.106（2020）, pp.3−12.

在不同区域，两个层级的区分泾渭分明。这里不仅安置工匠，还有其他各类人员，例如祭司、贵族、织工、厨师、士兵、医生以进行管理或提供服务。除了上述人员外，卡洪工匠村还居住着他们的家人。考古和文献表明，除了纺织工由女性担任外，其他工种全部由男性担任。❶所有这些人为卡洪工匠村在相对隔绝的情况下自给自足的发展提供了保障。卡洪工匠村的墓葬散布于几块区域，这些墓葬大多曾遭到严重的盗掘，因此考古价值与史料价值受到严重影响。仅西部山地一处墓葬保存比较完好，但墓主人是辛努塞尔特二世的御用建筑师，也是整个金字塔建筑群的总设计师，负责建造金字塔并管理其他工匠，无疑已属贵族阶层。❷

麦地那工匠村兴起于新王国时期，由于保存状况良好，在几座工匠村当中最具代表性。其应由第十八王朝国王阿蒙霍特普一世（Amenhotep Ⅰ，约公元前1525—前1504年在位）建立，因为该国王被工匠村的居民奉为保护神。麦地那工匠村坐落于今卢克索地区的尼罗河西岸，位于著名的帝王谷与王后谷之间。该工匠村同样是有目的地设立而成，但因位处山谷之间，格局不及卡洪工匠村规整，又因为这些工匠的唯一工作就是建造王陵，不涉及其他工作，因而村子的规模也远不及卡洪，极盛时期也仅居住百余户居民。麦地那工匠村的建筑主要由泥砖构成，呈网格状分布，村落内的房屋通常较小，供工匠和他们的家人居住。每栋房屋通常由几间房间组成，包括卧室、厨房和储藏室等。房屋的墙壁上装饰有简单的壁画，描绘了工匠的日常生活、宗教仪式以及他们对神明的崇拜。村落的中心有一个小型的神庙，供奉的是女神哈托尔（Hathor），她被视为音乐、舞蹈和母性之神。神庙不仅是宗教活动的场所，也是工匠们进行集体庆祝和节日活动的中心。

与古埃及其他劳动力相比，麦地那工匠的社会地位相对较高。工匠们享有稳定的收入和定期的粮食配给，这在当时的社会中并不常见。由于其专业技能，工匠们被视为社会的精英，能获得相对较好的教育和职业培训。工匠们的劳动条件通常较好，他们定期参与王室的重大工程，因而能获得丰厚的报酬和社会尊重。此外，工匠村内的教育水平也相对较高，许多工匠能够读写，这使他们能管理自己的事务并参与宗教活动。

由于工作特殊，麦地那工匠村居民的吃穿用度一应由政府提供，不仅按月领取口粮，还能享受不少假期，有时还能收到国王直接下令赏赐的酒、肉、油等副食品作为礼物，甚至在村子用水不便时有政府指派专人提供送水和洗衣等服务。

---

❶ 牛瑞刚：《卡洪工匠村及其历史地位》，东北师范大学硕士学位论文，2013年，第5-7页。
❷ 同❶，第21页。

其身份虽仍然是民，但显然与广大农村里的农民具有显著不同。如前所述，工匠村重要的历史价值首先在于其遗留下的大量文字文献。麦地那工匠村的另一重要史料价值就来自工匠们在村外两侧山坡上建造的家族墓葬。❶由于这些工匠的本职工作就是建造王陵，因而凭借其专业技能对家族墓葬进行了精心的建造与装饰，尽管工匠们的身份为民，但墓室壁画的精美程度甚至不亚于附近底比斯墓地当中达官贵人们的墓葬。其中一些壁画描绘了工匠们的生活，为今人研究古埃及平民服饰提供了宝贵的图像资料。本书主要依据法国人B.布吕耶尔的《代尔麦地那发掘报告》。❷

阿玛尔纳工匠村在这几座工匠村当中开始建设的年代最晚，存续时间亦最短。该工匠村同样兴建于第十八王朝。在该王朝的晚期，国王埃赫那吞（Akhenaton，约公元前1351—前1334年在位）为推行改革而迁都于此，并在此建起宫殿、王陵、官员宅邸等与都城地位相符的建筑。

在埃赫那吞之前，古埃及的宗教信仰主要以多神教为基础，崇拜众多神祇，尤其是太阳神拉（Re）。法老作为神的化身，负责维护宇宙的秩序玛阿特（Ma'at）并确保国土的繁荣。然而，随着埃赫那吞的即位，这一传统开始发生根本性的变化。埃赫那吞改革的核心是对单一神灵的崇拜，特别是对太阳神阿吞（Aton）的崇拜。阿吞被视为太阳的象征，代表光明与生命，埃赫那吞希望通过崇拜阿吞来统一埃及的宗教信仰，摒弃对其他神灵的崇拜。

埃赫那吞的宗教改革标志着古埃及历史上首次尝试建立单一神教。他在位期间，建立了以阿吞为中心的宗教体系，要求全国人民只崇拜阿吞，禁止对其他神灵的崇拜。这一政策在当时的埃及是极为激进的，因为长期以来，多神教已经深深扎根于社会和文化中。为支持这一改革，埃赫那吞在尼罗河东岸的阿玛尔纳（Amarna）建立了新的首都，名为"阿赫塔吞"（Akhetaten），意为"阿吞的地平线"。在这座新城市中，埃赫那吞建造了大型的宗教建筑和祭坛，用以供奉阿吞，并推广新的宗教理念。埃赫那吞的改革直接威胁到传统祭司的权力，尤其是阿蒙（Amun）神的祭司。阿蒙祭司在经济和政治上具有巨大影响力，他们对埃赫那吞的改革表示强烈反对，甚至在一定程度上发起了抵抗。由于强制推广这种"一神教"，也导致了许多民众不满，他们对失去传统信仰和宗教信仰自由感到愤怒，导致社会

---

❶ 刘虹伯：《麦地那工匠村及其历史价值》，东北师范大学硕士学位论文，2008年，第5页。

❷ B.Bruyère, *Rapport sur les Fouilles de Deir el Medineh*, Cairo: Institut Français d'Archéologie Orientale, 1924−1953.

动荡加剧。随着该国王去世，改革终止，阿玛尔纳被废弃，地上建筑被有目的地拆除，以便于对建材进行回收再利用。

阿玛尔纳的工匠村位于主城的东部。村子虽规模有限，但同样经过了规划，在一道薄薄的围墙之内坐落着5排共计约70套房屋。其居民的数量显然不足以在短期之内建起整座主城，而且当中明显有一部分人系由麦地那工匠村迁徙至此，加之工匠村的位置也非常靠近王陵所在的山谷，因此这些居民的主要工作应当是营建王陵。参与建造城区宫殿官邸的劳工如前所述，其死后只有一袭裹身并被葬于沙坑之中。阿玛尔纳工匠村仅存续极短时间即被废弃，因而所遗留的各种史料亦较为有限。

上述工匠村虽出土了不少图像史料，但其能否反映古埃及劳动者真实的着装情况很值得商榷。首先，这些工匠村出于方便通勤的原因均位于王陵附近，但由于王陵经常位于沙漠边缘，使工匠村经常处于较为偏僻的地区，远离其他农村。再加上工匠们的技能高度专业化与特殊化，生活物资与生活服务由政府集中提供，使得工匠村居民所处的空间位置、经济地位、生活状态都不同于广大农民。其特殊的工作使其家族墓葬的装饰更趋近于官员墓葬的风格，不可避免地掺杂了大量属于统治阶级的审美情趣和社会认知。例如在工匠村居民的墓葬当中仍有不少壁画细致地刻画了墓主人务农的情况，然而，工匠村出土的文字史料表明这些工匠既不持有田产，也无闲暇从事农业生产。记录工匠出工情况的文献中提到工匠们会因伤病、醉酒乃至家庭纠纷而请假，但却未提及他们曾请假照料农活。工匠们在工作之余主要是利用工作便利制造并出售丧葬用品，另外还涉足租赁与借贷等经济活动，但不涉及土地及农产品的买卖。❶ 显然，这些工匠墓葬应该与官员墓葬相似，墓主人务农的画面描绘了古埃及人所梦想的来世生活，并非对真实情况的反映。

二、神庙壁画浮雕中的服饰

古埃及的宗教体系深深影响了人们的生活和文化。由于古埃及人所信奉的神灵数量众多，整个国家散布着大大小小不计其数的神庙，其中有些由国家或地方出资兴建，规模可观，有些由特定群体建立，规模有限，例如麦地那工匠村的工匠在去帝王谷上工的途中开凿了数座洞窟，用于供奉一位被其视为保护神的眼镜蛇女神。在众多的神庙建筑当中，得到国家资助的那些尤其高大华丽，并且装饰有精美的壁

---

❶ 赵航：《古埃及麦地那工匠村的经济活动》，东北师范大学硕士学位论文，2016年，第38页。

画和浮雕，在重要位置还伫立有雄伟的雕像。这些神庙墙壁上的浮雕刻画了国王的各种活动，例如领导作战、接受觐见、节庆巡行以及向神献祭等。浮雕中的人物着装，比服饰实物材料更易保存，为今人研究古埃及服饰提供不可或缺的材料。古埃及神庙众多，各大神庙中又有海量的壁画、雕塑以及浮雕材料，在有限的篇幅内不可一一尽举，因此本书仅选取若干具代表性的神庙加以考察。

今埃及中部的卢克索在中王国时期与新王国时期曾作为国都——底比斯，其周边区域坐落大量古代神庙。本书选择其中规模较大、保存较好的三座神庙作为考察对象，分别是卡纳克神庙（Karnak）、卢克索神庙和麦迪纳特哈布城神庙（Medinet Habu）。

卡纳克神庙是一个规模宏大的神庙建筑群。其始建于中王国时期辛努塞尔特一世（Senusret Ⅰ，约公元前1956—前1911年在位）统治期间，但现存的大部分建筑建于新王国时期。而卡尔纳克神庙的大多柱厅更是闻名世界，同时也是古埃及最宏伟的建筑之一，是卡纳克神庙群的核心部分。这个大厅建于公元前15世纪，主要由法老塞提一世和拉美西斯二世扩建，旨在奉献给底比斯的神明阿蒙。大厅的尺寸令人惊叹，长约103米，宽约52米，内部有134根巨大的柱子，直径可达3米，最高可达23米，柱子上雕刻着精美的浮雕和象形文字，描绘了古埃及的宗教仪式和历史事件。柱子的设计非常独特，呈现出"花苞"形状的顶端，象征着繁荣和生生不息。柱子间的空间十分开阔，使整个大厅在视觉上显得壮观而神圣。大多柱厅不仅是宗教仪式的中心，也是法老展示权力和荣耀的场所。它的布局和装饰展示了古埃及人对神灵的崇敬以及对自然的观察与理解。在大多柱厅内，人们可以深入探索柱子上的细致雕刻，这些艺术作品不仅展示了古埃及的技术和艺术水平，也传达了深厚的文化和宗教意义。柱厅的建筑结构和装饰风格对后来的埃及建筑产生了深远的影响，许多后期的神庙都受到其启发。由于其主殿供奉着被视为国家神的阿蒙-拉，因而该神庙是当时最重要的宗教仪式场所。

在此神庙中，有大量属于新王国时期的浮雕与雕像留存至今，而且由于其重点刻画了国王与众神，做工极其精美，为今人研究这一时代的王家服饰提供了一定的图像资料。各国考古队伍在卡纳克神庙的整理发掘活动甚多，笔者选择了其中两套书籍较为重要的作为史料。其一是法国人谢弗里耶于1926—1954年在《埃及文物部年报》（*Annales du Service des Antiquités de l'Égypte*）发表的题为《卡纳克工作报告》（*Rapport sur les travaux de Karnak*）的系列考古报告。另一史料来源是芝加哥大学东方研究所金石测绘项目（Epigraphic Survey, Oriental Institute, Chicago

University）的《卡纳克浮雕与铭文》❶和《卡纳克巨型多柱厅》❷两套丛书。

卢克索神庙坐落在尼罗河西岸，卡纳克神庙以南数公里处，二者通过一条壮观的巨石大道相连。卢克索地区早在中王国时期就已开始逐步发展起来，而卢克索神庙的建设始于公元前1400年左右，主要由法老阿蒙霍特普三世（Amenhotep Ⅲ）下令建造，后来在第十九王朝法老拉美西斯二世（Ramses Ⅱ）时期进一步扩建和装饰。神庙奉献给古埃及的主要神祇之一——阿蒙（Amun），同时也与其妻子穆特（Mut）和子神孔苏（Khonsu）有密切关联。与一般的神庙供奉神灵、举行祭祀仪式的功能有所不同，卢克索神庙是王权再生的象征，是国王举行加冕仪式，宣誓王权合法继承的重要场所。即使是从未到过卢克索神庙的亚历山大大帝，也宣称自己是在此加冕为埃及国王，以获取其统治埃及领土的法理依据。❸作为一座以宣扬王权为主题的神庙，卢克索神庙中保留有国王与王后的大量雕像，其中最为著名的是第一塔门之外国王拉美西斯二世坐于王位之上的巨像，是研究新王国时期王室典礼着装的重要材料。此外，同一塔门还刻画了该国王在叙利亚地区统兵作战的场景，为研究战斗服饰以及周边民族的服饰提供了宝贵史料。本书主要依据芝加哥大学东方研究所金石测绘项目的《卢克索神庙浮雕与铭文》❹。

麦迪奈特哈布城（Medinet Habu）神庙与前两座神庙隔尼罗河相望。该神庙供奉底比斯当地神话体系当中创造世界的八位创世神。神庙的主体建筑始于第十八王朝，在第二十王朝得到大规模扩建，因而墙壁上的浮雕主要刻画了第二十王朝国王拉美西斯三世抵御利比亚人与其他海上民族入侵的战争。作为新王国的最后一位伟大法老，拉美西斯三世在位期间，古埃及经历了许多战争和经济挑战，而他的神庙则象征着国家的辉煌与稳定。尽管拉美西斯三世在位期间取得了一系列成就，但他的统治后期也面临着诸多挑战，内部的权力斗争和外部的压力逐渐加剧。拉美西斯三世晚年，宫廷内部的腐败和权力斗争加剧，特别是宫廷中的阴谋和反叛，削弱了法老的权威。在他的统治末期，古埃及的经济开始衰退，社会不满情绪不断上升。这些问题加剧了社会的不稳定，导致了法老权力的减弱。因而拉美西斯三世的

---

❶ The Epigraphic Survey, *Reliefs and Inscriptions at Karnak*, Chicago: The University of Chicago Press, 1936-1986, 4 vols.

❷ H.Nelson, *The Great Hypostyle Hall at Karnak*, Chicago: The University of Chicago Press, 1981。该丛书在出版第1卷第1册后，出版计划意外中断。

❸ W.J.Murnane, "Luxor", in D.B.Redford (ed.), *The Oxford Encyclopedia of Ancient Egypt*, Vol.2, pp.309-312.

❹ The Epigraphic Survey, *Reliefs and Inscriptions at Luxor Temple*, Chicago: The University of Chicago Press, 1994-1998, 2 vols.

统治被认为是新王国的衰落时期的开端。

而麦迪奈特哈布城神庙的史料价值在于，图像史料的制作集中于拉美西斯三世在位时期，可用作与其他时期服装进行对比的基准。另外，该神庙的图像史料对于研究新王国时期古埃及周边民族的服装也具有重要的参考价值。本书所依据仍是芝加哥大学东方所金石测绘的《麦迪纳特哈布城》系列报告❶。

位于尼罗河西岸一侧的德·埃·巴哈利建筑群（Deir el-Bahari）坐落在悬崖和丘陵之间，周围环绕着陡峭的山脉。这种独特的地理环境为古埃及的宗教和文化活动提供了一个理想的场所。巴哈利不仅是哈特谢普苏特的神庙所在地，周围还有其他几座重要的神庙和墓葬，包括图特摩斯三世的墓和其他底比斯王朝法老的墓葬。该地区的建筑风格和艺术作品体现了古埃及文明的辉煌成就。其中女法老哈特舍普苏特的丧葬神庙是现存最为宏伟的神庙之一。神庙开凿于山谷之中，主体建筑共分三层，每层建筑均由坡道相连。哈特舍普苏特是古埃及最著名的女法老，她在位统治期间埃及国力繁盛，与周边国家经济文化交往频繁。❷这座丧葬神庙的建筑规格足以体现当时王室财力的丰厚。神庙的壁画浮雕主要描述了哈特舍普苏特神圣诞生的故事，此外也描述了女法老指派使臣远征蓬特（Punt）等外国领土的经过。尽管其中一些肖像在其子图特摩斯三世即位后遭到了损毁，但雕像所描绘的服饰样式依旧得以保存，这也是研究女法老服饰样貌最直观的材料来源。

巴哈利的考古发现对理解古埃及文明的发展具有重要意义。19世纪以来，许多考古学家在这个地区进行发掘，发现了大量的文物和遗迹，包括墓葬、工具、陶器和日常用品。这些发现不仅丰富了对古埃及社会生活的理解，也为研究古代宗教信仰和文化习俗提供了重要的资料。在哈特谢普苏特神庙附近，考古学家还发现了大量与她相关的文物，包括印章、铭文和其他艺术品。这些文物的出土帮助学者们更深入地研究哈特谢普苏特的统治以及她在古埃及历史上的地位。

在卢克索以外，笔者将位处其他地区但较为重要的另外两座神庙纳入考察范围。一座是坐落在登德拉（Dendedra）供奉女神哈托尔（Hathor）的神庙，另一座是坐落于菲莱岛（Philae）供奉女神伊西斯（Isis）的神庙。两座神庙的图像史料均集中反映了古希腊—古罗马统治时代古埃及的服饰。登德拉位于古埃及中南部，古时为上埃及第六州所在地，靠近古埃及祭祀中心之一的阿拜多斯。登德拉神庙建筑

古埃及服饰研究

❶ The Epigraphic Survey, *Medinet Habu*, Chicago: The University of Chicago Press, 1930-2009, 9 vols.

❷ J.Lipinska, "Deir el-Bahri" in D.B.Redford（ed.）, *The Oxford Encyclopedia of Ancient Egypt*, Vol.1, Oxford: Oxford University Press, 2001, pp.367-368.

群是古埃及晚期神庙建筑当中保存最完好的一座，其中的主体建筑为供奉哈托尔女神的神殿。哈托尔女神（Hathor）是古埃及宗教体系中最重要的女神之一，代表着爱、欢乐、音乐、舞蹈、母性和生育。她的影响力遍及古埃及的方方面面，登德拉就成为她接受人们信仰和崇拜的中心。哈托尔的名字意为"荷鲁斯的房子"，她的起源可以追溯到早期的古埃及神话，最初被视为爱与美的女神、富裕之神、舞蹈之神、音乐之神，后来与许多其他女神（如伊西斯和奈斯）相融合，形成了一个多层面的女神形象。

在古埃及的神话传说中，哈托尔被描绘为太阳神拉（Ra）的女儿，负责保护神明和人类。一个著名的故事讲述了哈托尔作为拉的化身，帮助拉惩罚那些反叛的神灵。拉感到愤怒，派哈托尔去消灭这些叛徒，但她过于投入，几乎将整个世界都消灭掉。最终，拉通过酒精使哈托尔醉倒，避免了更大的灾难。哈托尔与许多古埃及神祇有密切联系。她常常被视为伊西斯的母亲或姐妹，象征着母性和保护。哈托尔还与牛神哈匹（Hapi）和丰饶之神奥西里斯紧密相连，体现了生命与自然的和谐。

哈托尔通常被描绘为一位女性形象，头戴牛角和太阳盘的饰物，这象征着她的母性与强大力量。她的形象常常伴随着音乐乐器，尤其是琴和鼓，反映了她在音乐和舞蹈方面的影响力。哈托尔有多重身份，既是母亲和保护者，也是一位象征欢乐与娱乐的女神。她被认为是女性的守护神，尤其是孕妇和新生儿的保护者。此外，哈托尔在某些方面也被视为女性的化身，象征着爱情。除此之外，哈托尔也与牛有着密切的联系，牛在古埃及社会中象征着力量和丰饶。牛奶被视为生命的源泉，哈托尔常常被视为牛的化身，象征着母性和滋养。古埃及人定期举行祭祀仪式，以向哈托尔表达敬意和感恩。祭祀活动通常包括献祭、音乐演出、舞蹈表演和吟唱，以求得女神的保佑。信徒们会在节日或特定的日子前往神庙，进行虔诚的祈祷与献祭。

哈托尔的节日常与丰收和喜庆有关，尤其是在收获季节。这个节日通常伴随着盛大的庆祝活动，包括音乐、舞蹈和宴会，象征着生命的繁荣与欢乐。哈托尔崇拜渗透到古埃及人的日常生活中，尤其是在家庭与社会活动中。她被视为家庭的保护神，信徒们在家庭中设立小神龛，供奉哈托尔以祈求幸福与和谐。哈托尔的形象与信仰对后来的文化产生了深远影响。希腊化时期，哈托尔的形象与古希腊女神阿佛洛狄忒（Aphrodite）相结合，成为爱情与美的象征。哈托尔崇拜在古罗马时代也得到延续，反映了她在古代世界中的广泛影响力。哈托尔的母性形象深深扎根于古埃及人的心中，象征着对生命的保护与滋养。她不仅是孕妇和新生儿的保护者，也被视为家庭的守护神，促进了社会的稳定与和谐。哈托尔作为欢乐与音乐的女神，象征着生活的乐趣与美好。她的崇拜鼓励人们享受生活，重视音乐、舞蹈和社交活动，这对古埃及的文化氛围产生了积极影响。哈托尔与农业、丰收和生育密切相关，象征着生命的延续与再生。对她的崇拜帮助古埃及人理解生命的周期性，并在祭祀中表达对自然的感恩与尊重。

登德拉神庙建于托勒密王朝晚期，在古罗马时代规模进一步增大。❶该座神庙的壁画浮雕描述了希腊罗马的统治者们供奉古埃及众神的场景，尽管他们的服饰与古埃及国王无显著差异，但人物的面部特征可清晰地表明他们是来自欧洲的外来者，尤其古罗马时代的国王肖像往往被描绘出卷发与高鼻梁。本书所依据主要是法国人马里耶特的《登德拉》系列报告❷。

菲莱岛位于今阿斯旺附近，属于埃及传统疆域的最南端。其神庙同样始建于托勒密王朝，一直沿用至拜占庭皇帝查士丁尼（Justinian，在位于527—565年）下令将其改建成为基督教的教堂，因而可以被视为古埃及本土宗教的最后堡垒。同时，其也可被视为古埃及本土文化最后的堡垒，现存年代最晚的古埃及圣书体铭文即刻写在该神庙内，断代为4世纪。菲莱岛伊西斯神庙的浮雕多出自托勒密时代，带有浓厚的希腊化埃及风格，但也保留了大量传统文化元素❸，例如托勒密王朝的国王们均被描摹为身着古埃及传统服饰的模样。该神庙浮雕的另一重要价值是有若干区域还保留着古代的彩绘，对研究古埃及服饰配色有重要价值。

第二节　文献中的服饰

衣食住行是人类物质生活最基本的几大要素。其中衣，是证明人类于野蛮蒙昧走向文明的重要标志。衣服，除了基本的实用功能，例如遮羞、保暖、抵挡伤害等作用外，还起到了装饰、审美情趣以及其他一些特定的功能作用。因此也称

❶ S.Cauville, "Dendera" in D.B.Redford ed., *The Oxford Encyclopedia of Ancient Egypt*, Vol.1, pp.381–382.

❷ A.Mariette, *Dendérah: Description Générale du Grand Temple de Cette Ville*, Paris: Librairie A.Franck, 1870–1874, 4 vols.

❸ A.B.Lloyd, "Philae", in D.B.Redford ed., *The Oxford Encyclopedia of Ancient Egypt*, Vol.3, pp.40–44.

为服饰。服饰，作为汉语合成词，可拆分为"服"和"饰"两个单一名词，是服装、鞋帽以及其他配饰的统称。服饰与人类个体的日常生活以及人类文明整体的社会生活都有着密切的联系，服饰所蕴含的内容十分丰富，它既能体现出个体的自用需求，也反映出了很强大的社会功能。比如服饰在宗教祭祀、庆典礼仪、社会等级与制度、生产与生活活动、风俗风尚、文化交流、民族融合等方面都起到了重要的作用。服饰作为一种非文字的史料，也可以传达一个时代的时代风貌，通过对特定背景下服饰的研究，可以为我们展现古代社会物质文明以及精神文明的发展与演变。❶

由于衣食住行是人类生活的基本活动，因此，衣物必然在古埃及的文献史料中有所反映。根据文献史料的基本用途，相关记述可分为两大类。第一类文献可统称为丧葬文献，包括"金字塔文""棺文""亡灵书"等书写在墓墙、棺板以及陪葬纸卷的咒语。由于这类文献主要用途是引领死者的亡魂到达彼岸世界，因此所描述的衣物往往是属于神、妖怪或逝者在葬礼、冥界或来世等特殊场合的穿着，并不具有太多现实意义，甚至可能根本无实物与之对应。第二类则包括档案、书信等与现实生活相关的文献。在古埃及，国家机器的各个部门之间难免存在物资调拨，调拨情况必然需要详细记录在案。现存的对于户口、出工、工具交接等事项的记录虽数量稀少，但内容颇为详细，可以推知古埃及的官僚系统对于物资的管理曾经拥有细致缜密的记录。这些原始档案如今虽然几乎荡然无存，但其中一些内容通过不同方式保存至今。例如哈里斯莎草纸记录了第二十王朝国王拉美西斯三世（Ramesses Ⅲ，约公元前1183—前1152年在位）向神庙捐赠的各种物资，其中包括数千件衣物，并详细记录了各种衣物的名目、质地、数量。再例如开罗C–D草纸（p. Cairo C–D）是第二十王朝的阿蒙神大祭司发给几名努比亚武士的公函，内容是向这些武士调拨执行任务所需衣物等物资。❷麦地那工匠村是一个特例。此地聚居着新王国时期专司建造王陵的工匠。这些工匠由于工作需要而普遍具有读写能力，并享受着由官府集体提供的吃穿用度乃至供水、洗衣等服务，被学界公认为是古埃及劳动者中的上层分子。尤其是，工匠村远离水源，因此工匠的衣物由官府派遣洗衣工统一收集之后，经过洗涤晾晒，再交还给其主人。出于偶然原因，与工匠日常工作生活相关的一些文献得以留存至今。工匠们起初计划在村子北部挖掘一口水井，但未能成功，随即将挖出的大坑作为倾倒垃圾的场所。工匠们在生活与工作的过程中，

---

❶ 张芳：《论服饰的政治功用》，浙江大学硕士学位论文，2018年，第1页。

❷ E.Wente, *Letters from Ancient Egypt*, Atlanta, Georgia: Scholars Press, 1990, pp.38–39.

经常随手将一些信息写在石板或陶片上，并在将这些信息整理誊写到别处之后，将原来的石板或陶片当作垃圾丢弃。其中一些被丢弃的石板或陶片就记录了工匠们对布料和衣物进行买卖和洗涤的情况。借助这些文献，今人不仅可以了解当时劳动者所穿服装的称谓，更可根据这些服装在文献中的出现频率、价格高低，结合在工匠村墓地出土的实物，较为可靠地推断出词汇与实物之间的关联。

另外，在第二十七王朝，亦即法老时代的末期，古希腊著名的历史学家希罗多德（Herodotus，约公元前480—前425年）曾造访古埃及，并在其九卷的《历史》中将埃及的风俗和历史单独列为一卷，对当时埃及的风土人情留下内容有限但生动的描述，其中亦包括对服装的描述。尽管希罗多德因广泛记录道听途说的内容而被诟病，包括其对古埃及历史的记述，但其对古埃及风俗的观察却是亲力亲为，曾称"以上所述（即第二卷第一至第九十八段对于埃及风俗的记述）都是我本人亲自观察、判断和探索的结果"❶，因此具有较高的可信度。

今人从形形色色的古埃及文献中发现，古埃及人在表述服饰方面拥有丰富的词汇，甚至古埃及语言中的字符和词汇本身在一定程度上也可用作史料。但另一方面，古埃及年代久远，未能如我国先民一样留下较为系统化的典籍。既无类似于《仪礼》的典籍记载其服饰章制，也无《尔雅》《说文解字》之类的字书自释其词义，也无《周礼·冬官》之类的典籍记载与衣物制作有关的各个部门。

一、字符

古埃及的文字在中文语境中虽然通常被称为象形文字，但其如汉字一样存在多种字体。❷通常被国内著述译为"象形文字"的"hieroglyph"一词确切来讲只是指古埃及文字几种字体当中书写最为规整、美观的一种。而hieroglyph的称谓源于古希腊语，意指这种规整的字体多见于神庙，因此国内学术界倾向于将其翻译为"圣书体"。除圣书体外，另有较为潦草的祭司体（heiratic）和最为潦草的民众体（demotic，或翻译为世俗体），以及把希腊字母进行本土化而形成的科普特语（coptic）。而开启埃及学大门的钥匙——罗塞塔石碑（Rosetta Stone），便包含着圣书体、民众体及希腊语三种语言。

---

❶ 希罗多德：《历史》，周永强译，西安：陕西师范大学出版社，2008年，第126页。

❷ 王海利：《象形文字与圣书文字——兼谈古埃及文字的中文名称问题》，《东北师大学报（哲学社会科学版）》2014年第3期，第12-17页。

罗塞塔石碑作为古埃及历史上最重要的考古发现之一，具有极高的历史、语言和文化价值。这块石碑于1799年在埃及的罗塞塔镇被发现，成为解古埃及文明的重要钥匙。它不仅揭示了古埃及的语言文字，还为古埃及的历史和文化提供了珍贵的信息。其历史可以追溯到公元前196年，属于希腊化时期，它是在托勒密五世（Ptolemy V）统治期间刻制的，目的是记录法老的成就和对神明的奉献。1799年，法国军队在埃及征战期间，拿破仑的士兵在罗塞塔镇发现了这块石碑。由于其独特的刻文和形状，石碑很快引起了考古学者和语言学家的注意。随后，这块石碑被带回法国，并成为研究古埃及文明的焦点之一。

罗塞塔石碑的尺寸约为114厘米高、72厘米宽、27厘米厚，表面粗糙，边缘有磨损。石碑的主要内容是法老托勒密五世（Ptolemy V）的法令，旨在宣扬他的统治合法性和对神明的敬仰。法令内容涵盖了对神庙的奉献、国家的繁荣以及法老的美德等方面。罗塞塔石碑的重要性在于它成为解古埃及象形文字的关键。19世纪初，语言学家让-弗朗索瓦·商博良（Jean-François Champollion）通过比较三种文字，终于破解了象形文字的含义。他意识到，象形文字与古希腊文之间存在对应关系，这使得他能够翻译出许多古埃及文献的内容。商博良的研究成果不仅揭示了罗塞塔石碑的具体内容，也为整个古埃及文明和历史的研究打开了新的大门。他的工作标志着古埃及语言学的重大突破，使得后来的考古学家和学者能更深入地研究古埃及的文献、艺术和宗教。罗塞塔石碑的发现和解码，对西方世界对古埃及的理解产生了深远的影响。它不仅推动了对古埃及历史的研究，还激发了人们对古代文化和语言的兴趣。在19世纪，随着考古学的发展，许多古埃及文物和遗址被重新发掘，这一现象被称为"埃及热"。

笔者认为圣书体、祭司体、民众体以及科普特语这四者的关系，可大致对应于汉字的楷书、行书、草书以及汉语拼音。圣书体的字符从造字原则来看则类似于汉字六书当中的象形与会意，其中就有一些字符形象地刻画了古埃及的服装和配饰。古埃及人将若干字符进行拼合，就造出一个个词汇，大多数词汇的造词原则更类似于汉字六书当中的形声，以一部分字符如汉字声旁标示词的读音，另以一部分字符如汉字形旁用于区分同音词的词义。另有少量词汇如汉字象形字，以单独一个字符构成一个词，而这类词往往是古埃及语言当中最常用、最核心的词汇。由于上述特点，古埃及的文字本身即可在一定程度上用作史料，而且这些词汇也是今人了解古埃及人服饰种类和形制最直观的史料。

英国埃文学家艾伦·加德纳（Allen Gardiner）在其编撰的《埃及语语法》（*Egyptian Grammar*）一书中，为便于索引，将数百个圣书字符号按照类别分成了

26个大类，并被后世学者广泛沿用。其中的S类包含表示"头冠、服装、手杖"等共计47个字符。表1-1为整理的字符的圣书字原文及其所表示的含义。❶

表1-1　加德纳整理的字符的圣书字原文及其所表示的含义

编号	圣书字原文	含义
S.1		上埃及白冠
S.2		白冠与篮子
S.3		下埃及红冠
S.4		红冠与篮子
S.5		上下埃及统一的双冠
S.6		双冠与篮子
S.7		蓝冠
S.8		阿特夫冠
S.9		双羽冠
S.10		环状布质发带
S.11		两端饰以鹰头的串珠项圈
S.12		串珠项圈
S.13		串珠项圈与足
S.14		串珠项圈与权标头
S.14a		串珠项圈与权杖
S.15		玻璃胸饰或菲昂丝串珠（第十八王朝样式）
S.16		同S.15（古王国样式）
S.17		同S.15（另一种古王国样式）
S.17a		众神所系之腰带
S.18		饰以垂摆的串珠项链
S.19		附有滚筒印章的串珠项链

❶ A.Gardiner, *Egyptian Grammar*, Oxford: Griffith Institute Ashmolean Museum, 1979, pp.505-509.

编号	圣书字原文	含义
S.20		附有滚筒印章的串珠项链
S.21		戒指
S.22		肩带部位的结
S.23		衣带流苏结
S.24		腰带部位的结
S.25		上衣
S.26		围裙
S.27		饰以双垂穗的布条
S.28		垂穗布条与折叠的布片
S.29		折叠的布片
S.30		折叠的布片与双角蛇
S.31		折叠的布片与镰刀
S.32		一片带流苏的布
S.33		凉鞋
S.34		绑带（凉鞋绑带）
S.35		饰以鸵羽的遮阳伞
S.36		同S.35（古王国样式，中王国也常见）
S.37		短柄扇
S.38		弯钩
S.39		农用钩
S.40		饰以赛特头雕的直柄权杖
S.41		饰以赛特头雕的旋柄权杖
S.42		王权权杖

编号	圣书字原文	含义
S.43		手杖
S.44		饰以皮鞭的手杖
S.45		皮鞭

如图1-2所示的S.11～S.21号字符表现了古埃及男性尤其贵族男性在平日佩戴的各种物件。S.11号字符最初表示一种两端为鹰首的项链，后被用作项链的限定字符，但古埃及语中以此字符为限定符的只有两个。其一为wsx，源于形容词wsx"宽"，在此意为"宽项链"，但古埃及语中未见专门有词汇表示相反的"窄项链"。另一个词为bb，该词在第二十五王朝由努比亚传入，应当是源于努比亚的黑人服饰，但一直沿用至希腊化时代。

图1-2　加德纳字符表S组第11～21号字符

古埃及的第二十五王朝是历史上极为特殊的一段时期，它又称为努比亚王朝，约存在于公元前747—前656年，是一个由努比亚人建立的王朝。这一时期的历史背景、政治结构、文化成就及其对后世的影响，构成了古埃及历史上一个重要而独特的篇章。在第二十五王朝建立之前，古埃及经历了几个世纪的政治动荡与分裂。公元前8世纪，古埃及的统治权力逐渐被地方领主和外族侵略者削弱，尤其是来自利比亚的部落。此时，南方的努比亚地区逐渐崛起，努比亚人因其卓越的军事和经济能力，开始对征服北方的古埃及产生强烈的兴趣。努比亚由于地处尼罗河的南部，地理位置优越，拥有丰富的金矿、宝石和农田。努比亚人将其作为战略要地，通过征服和统一，最终实现了对古埃及的统治。

公元前747年，努比亚王皮耶（Piye）成功征服了古埃及，开始了第二十五王朝的统治。他自称为法老，标志着努比亚人对古埃及的正式统治。皮耶的统治采取了包容的政策，努力维护古埃及的宗教和文化传统，同时还加强了对古埃及各地方的管理。皮耶之后的统治者，如他的兄弟夏巴卡（Shabaka）和孙子塔哈卡（Taharqa），继续扩展统治和巩固了政权。他们不仅维持了强大的军事力量，还积极进行对外战争。夏巴卡在位期间，不仅巩固了南方的统治，还成功地击败了亚述帝国的入侵，显示出努比亚王朝的军事力量。

第二十五王朝在文化和艺术方面的成就卓越。努比亚统治者极大地恢复了古埃及的宗教和文化传统。他们对古埃及神祇的崇拜表现出极大的热情，尤其是对阿蒙和拉等神祇的崇拜得到了进一步的加强。而这一时期的艺术作品呈现出鲜明的努比亚风格与古埃及传统的融合。例如，许多神庙和陵墓的建筑风格结合了努比亚的元素，形成了独特的艺术风格。努比亚王朝特别注重雕塑艺术，许多雕刻和浮雕都表现了王族的崇高地位和神圣性。在文献方面，努比亚统治者还致力于保存和传播古埃及的知识和文化。例如，他们修补了许多古老的文献和历史记录，确保了古埃及文化的延续。

第二十五王朝的军事力量非常强大，这使得努比亚王朝能够在亚述和其他外族入侵者面前保持相对的独立。王朝建立初期，努比亚军队在对抗亚述的入侵中展现了出色的战斗能力。在这一时期，努比亚王朝在外交方面也很活跃，尤其是与利比亚、叙利亚等地区的王国保持着复杂的关系。这些外交活动不仅有助于促进贸易，也使努比亚在国际舞台上占据了一席之地。公元前656年，随着亚述帝国的崛起和对埃及的强力入侵，第二十五王朝最终走向衰落。努比亚统治者在军事上逐渐失去优势，国家的统一性受到威胁。努比亚王朝在面对外敌时的艰难局面，显示了强大外部势力对内政的不利影响。

尽管如此，第二十五王朝还是在古埃及历史上留下了深远的影响。努比亚人带来的文化、艺术和军事传统，在后来的历史中仍然具有重要的地位。他们成功地维护了古埃及的文化遗产，促进了南北的交流与融合。

而受到努比亚文化影响产生的此类项链存世数量众多，具体制作方式存在明显差异，有的完全以线穿缀金珠与彩珠并使之形成几何线条图案，有的则以金箔作为底盘并镶嵌各色宝石以形成莲花等更加复杂的图案。S.11号字符最初表示用珠子串成的项链，后用作贵金属的限定字符出现于"金""银""金箔"等词汇当中，S.13号与S.14号字符分别为S.12号的变体，前者读作nbj，专用于表示"金箔"，后者读作HD，专用于表示"白银"。S.15~S.17号字符指向同一类事物，S.16、S.17号字符是古王国时期的写法，S.15号字符是新王国时期的写法。该字符最初表示一种拃在颈上并垂于胸前的挂件，由于当其被用作限定字符时仅见于THn.t"釉"以及与之相关的一些派生词，可见此挂件是以釉彩烧结的彩色珠子串联编织而成。S.18号字符表示另一种名为mnjt的项链，有实物存世。这种项链由多条珠串并联而成，十分沉重，因而另一端需以珍贵石料或贵金属制成的板进行配重。以图1-3所示的实物为例，其珠子分别为釉料、玻璃、石头质地，另一侧的配重物则为青铜质地。❶另外，由于wsx与mnjt这两种项链颇为沉重，因而在某些图像史料中，主人公并不佩戴该项链，而是将其持于手中。S.19、S.20号字符均表示官员的印章，古埃及官员的衣物没有口袋，需将印章以绳子系住，挎于颈下。上面刻上主人的姓名或者徽记，作表明身份之用。这些颈饰多由贵金属和各种宝石搭配制作而成，因此是贵族和王室成员的专属饰物，少数以釉料为原料的饰物亦做工精美，同样不是平民能够享受的饰物。S.21号字符表示指环。古埃及人以jwaw或其变体aaw泛指指环，另有一些词汇表示特定的指环。

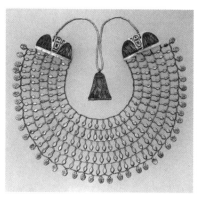

图1-3　S.11号字符与S.18号字符所对应项链实物

加德纳将S.22～S.24号依次解释为衣物肩带部位的结、衣带的结和腰带的结。其中，S.22号字符有两种用法，一种是在tA-wr一词中作为限定符，表示船的左舷，或可表明古人是在左舷登船和系缆；另一种用法是作为表音字符，读作sTt，多用于表示亚洲或者古埃及南端第一瀑布处的塞赫勒岛（Sehel）。在前王朝时期蝎王权标头和第一王朝纳尔迈调色板上，国王的衣着均在左肩打结，但这种穿着方式后来不见于其他图像史料。而且，在古埃及出现统一政权之前，作为古埃及文明雏形的涅加达三期文化已经拓展至下努比亚地区塞赫勒至阿布新贝勒之间的广大地域，甚至白王冠与荷鲁斯神可能先由传至上述地域的涅加达文化创造，而后反哺给了古埃及本土。❷若如此，则可以推断，在古埃及出现统一王朝前后，蝎王与纳尔

❶ W.Hayes,*The Scepter of Egypt,a Background for the Study of Egyptian Antiquities in the Metropolitan Museum of Art*, New York: The Metropolitan Museum of Art, 1959, Vol.2, pp.134, 253.

❷ B.B.Williams, *Excavations between Abu Simbel and the Sudan Frontier, the A-Group Royal Cemetery at Qustul: Cemetery L*, Chicago: The Oriental Institute of the University of Chicago, 1986, pp.163-190.

迈所穿的在左肩打结的衣物可能如白王冠一样源自上述地域，此衣物被称作 sTt，但在古埃及未能延续。S.23 号与 S.24 号字符分别读作 dmD 和 Tst，而且被引申用作动词时都可表达与"联结"有关的意思（图1-4）。

图1-4　加德纳字符表 S.22 ~ S.24 号字符

S.25 号字符出现时间略晚，多见于新王国时期，读作 Aaa，表示"外族人"。而且，Aaa 从造词的理据来看应属于拟声词，由于当时的埃及文明相对于周边民族而言属于强势文化，古埃及人以此称呼外族人，或许如同汉语词语"胡说八道""胡言乱语"或者古希腊人称蛮族为 βάρβαρος（英语"野蛮人"barbarian 的词源）一样，都暗讽所谓"野蛮的"外族人不通"文明人"的语言。S.26 ~ S.38 号以及 S.32 号字符分别构成与古埃及衣物有关的几个最基本词汇。其中 S.26 号字符表示古王国时期的御用围裙，读作 Sndyt，但该词在新王国时期很罕见，也从侧面反映出这种古王国时期的款式在新王国时期尽管仍多见于各种图像史料，但实际上已经停止穿用。❶S.27 号字符读作 mnx.t，大概指较好的布，S.28 号字符读作 Hbs，泛指所有的"布"，详见下文。❷最右侧的字符当初被加德纳划入 N 组，但宜归入 S 组，左侧的 S.32 号字符与其分别读作 sjA.t 和 dAjw，表示古埃及文字记述当中最常见的两类衣物。另外，S.29 号字符仅用字母，S.30 和 S.31 号字符则分别表示由前一字符与其他字符复合而成，词意均与服饰无直接关联（图1-5）。S.33 号字符读作 Tbt，意为凉鞋。因以后字符均与本书无关，在此不再赘述。

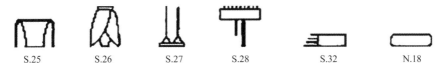

| S.25 | S.26 | S.27 | S.28 | S.32 | N.18 |

图1-5　加德纳字符表 S.25 ~ S.28、S.32 号字符及其他

二、词汇

除了探讨单一的字符，在此还应继续考察古埃及原始文献中关于服饰的描述。

❶ A.Gardiner, *Egyptian Grammar*, p.507；L.Lesko, *Dictionary of Late Egyptian*, Rhode Island:B.C.Scribe Publications, 1982, Vol.2, p.131.

❷ 同❶, p.507.

古埃及人在改用希腊字母拼写其语言之前，始终用本民族的文字进行书写。这些单词的构词严格遵循了古埃及词汇的构词原则，大多如同汉字的形声字一样可分为表音与表意两个部分。表音字符在前，尽管字符本身是象形的，但此时单纯用于指示单词的读音；限定字符在后，用于将单词归入一定范畴。古埃及人在长达两千多年的时间里，创造出大量与服饰有关的词汇。但古埃及人自己对于衣物缺少系统记述，古典作家的记述也非常有限，今人只好代替古人编辑词典、辞书。德国学者阿道夫·埃尔曼（Adolf Erman）在其词典的附录中曾列出62个表示各式服装的词汇❶，另有大量词汇表示各种各样的织物与配饰。但是，由于这些词汇往往出现在纯文字性的史料当中，缺乏图像信息的佐证，今人往往只能根据上下文并结合词源学的研究推断其形制。个别词汇由于出现频率过低，而且词源不明，其所指服装的形制完全无从推断。

笔者现将上述词汇当中属于国王时期的部分词汇按时代的早晚顺序开列如下，仅见于丧葬文献或仅见于希腊化时代的词汇不再赘述，其余词汇则根据其所出现的时代及语境分为两组。第一组词的使用时间较长，但词意宽泛，通常是对布料、衣物的泛称，所指的对象普遍存在于古埃及各个时代、各个地方甚至各个社会阶层。但由于古代社会的话语权几乎被统治阶级垄断，这类词汇所指的对象往往片面地反映了统治阶级甚至是其中某一阶层的服装文化。第二组仅见于特定群体在特定时代、特定地域留下的有限史料。另外，笔者认为古埃及人的大多数衣物都属于前述第一类衣物，其本质上都是一块未经裁剪或拼接的布，因此多数与衣物有关的词汇可能本质上表述了某种特定质地、纹饰的布料或者穿着方式。

（一）第一组词

第一组词汇使用时间较长，甚至有专用的字符，一般用于泛称。

Hbs，该词是表示衣物的最基本词汇，始见于古王国时期，并沿用至科普特语，写作hw=bc。该词在古埃及始终泛指"布料"和"衣物"，新王国时期有异体字Hbswt。❷埃尔曼曾将第二十五王朝一份文献的某个词汇读作kAs，并解释为"一种寿衣"，但后续研究表明应为Hbs的误读。❸

---

❶ Adolf Erman、Hermann Grapow eds., *Wörterbuch der Aegyptischen Sprache*, Vol.6, pp.87-88.

❷ Adolf Erman、Hermann Grapow eds., *Wörterbuch der Aegyptischen Sprache*, Vol.3, pp.65、66; L.Lesko, *Dictionary of Late Egyptian*, Vol.1, p.308.

❸ Adolf Erman、Hermann Grapow eds., *Wörterbuch der Aegyptischen Sprache*, Vol.5, p.108; id., *Wörterbuch der Aegyptischen Sprache, die Belegstellen*, Vol.5, p.17; Serge Sauneron, *Rituel de l'Embaumement–pBoulaq Ⅲ*, *pLouvre 5.158*, Cairo: Imprimerie Nationale, 1952, p.27.

古埃及服饰研究

mnx.t，始见于古王国时期，也泛指"布料"。该词源于形容词mnx"卓越"[1]，而且不及Hbs常见，因而应当指较精美的布料。

sjA.t，始见于古王国时期，埃尔曼解释为"亚麻布，用作衣物、头带或包裹木乃伊的绷带"，有异体字srA.t。[2] 从字符来看，其最初为一块一端带有流苏的长方形亚麻布。在"金字塔文"的第554颂、第675颂、第698颂等各处，其表示逝去的国王穿行于冥界时所穿的一种衣物，具有使敌人眼花缭乱的功效。J. P. 艾伦（J. P. Allen）将其译为"带流苏的披风"。[3]

dAjw，始见于古王国时期，多解释为"衣物，男女均可穿着"，词源不明。[4] 尽管该词在古埃及文献中频繁出现，但各家学者对其形制莫衷一是，卡米诺斯（Caminos）、福克纳（Faulkner）主张其为"兜裆布"，J. 舍尔尼（J. Cerny）主张其为"披肩"，W. 赫尔克（W. Helck）主张其形似如今的阿拉伯长袍，布伦纳主张其为"劳动时穿的围裙"。J. J. 杨森（J. J. Janssen）通过归纳工匠村的文献发现，该服装被提及的次数远较其他服装多，而且无论男女均可穿着。其用料包括薄布、细布，价格在工匠村文献提及的各种服装中相对较高，多在10～30个铜德本，而且随着布料不同而有较大浮动。[5] 较高的价格说明其使用的面料较多，因此可能正是新王国时期开始流行的连体围裙。

HAtj，始见于古王国时期，中王国时期有异体字HAtjw，表示一种精致的亚麻布。[6] 由于该词与"开端"和"第一"（HA.t）相近，可能意指头等布料。与前述kAs情况类似，埃尔曼曾将第二十二王朝一块石碑（开罗博物馆所藏CG 42208号碑）的某个词读作HAT.t，并解释为"一种袍子"，但后续研究证明其为前一个词的误读。[7]

nfr多见于古王国时期，埃尔曼解释为"一种长袍，尤指众神的服装"。该词源于形容词nfr"好、佳"，[8] 表"佳服"之意。其尤其在阿布希尔草纸（p. Abusir）中

[1] Adolf Erman、Hermann Grapow eds., *Wörterbuch der Aegyptischen Sprache*, Vol.2, p.87.

[2] Adolf Erman、Hermann Grapow eds., *Wörterbuch der Aegyptischen Sprache*, Vol.4, pp.29、192.

[3] James P.Allen, *The Ancient Egyptian Pyramid Texts*, Atlanta: Society of Biblical Literature, 2005, pp.69、188、193.

[4] Adolf Erman、Hermann Grapow eds., *Wörterbuch der Aegyptischen Sprache*, Vol.5, p.417.

[5] J. J. Janssen, *Commodity Prices from the Ramessid Period, an Economic Study of the Village of Necropolis Workmen at Thebes*, Leiden: E.J.Brill, 1975, pp.265–271.

[6] Adolf Erman、Hermann Grapow eds., *Wörterbuch der Aegyptischen Sprache*, Vol.3, pp.28、35.

[7] Adolf Erman、Hermann Grapow eds., *Wörterbuch der Aegyptischen Sprache*, Vol.3, p.36; id, *Wörterbuch der Aegyptischen Sprache, die Belegstellen*, Vol.3, p.7; K.Jansen–Winkeln, *Ägyptische Biographien der 22.und 23.Dynastie*, Wiesbaden: Otto Harrassowitz, 1985, Vol.1, p.55.

[8] 同[1], p.261.

反复出现，❶应系当地神庙向祭司定期发放的一种布料。

sdb，始见于中王国时期，该词有两个义项"光滑边缘的亚麻布"和"国王所穿的一种衣物"，分别强调其材质与用途，词源不明。❷

Tnfjt，始见于新王国时期，表示"一种以精致亚麻布制作的衣物"。❸该词词源不明，但其兼有"提篮"的意思，后一义项甚至沿用至科普特语，笔者推测该衣物的外形可能与提篮相仿，故而得名。

ST，始见于古王国时期，表示"用作神、国王、祭司的衣物"❹，该词的词源不明。根据"金字塔文"的描述，ST原本是荷鲁斯神的穿着。根据古埃及神话，冥神奥西里斯与鹰神荷鲁斯为父子关系，当逝去的国王化身为奥西里斯来到冥界的某个地方时，荷鲁斯将脱下自己ST，以便为父亲捕捉敌人，而奥西里斯则将穿上它并启程前往"金字塔文"中所描绘的极乐世界——"芦苇之地"。❺在古埃及人的丧葬观念中，"芦苇之地"或被称为"雅卢"（Sekhet-A'Aru）是古埃及人的来世，是对人间生活的理想化想象。古埃及人认为，死亡不是生命的终结，而是进入永恒旅程另一部分的过渡。

这一观点从古埃及历史的早期开始慢慢发展，但在中王国时期才完全形成，并通过新王国时期的详尽文本得到进一步发展。根据一个人生前的品德，灵魂被赐予永恒的天堂，经过真理殿堂的审判后，在天堂找到永恒的安宁。早在古埃及前王朝时期，人们就已相信灵魂不朽和肉体死亡后仍能继续存在，这一点从墓葬中的陪葬品中可见一斑。这种信仰在古埃及早王朝时期不断发展，并在古王国时期完全融入了古埃及文化。尽管从最早开始人们就设想了某种形式的来世，但随着这一概念的发展，其细节也发生了变化。最初，人们似乎认为死后得到救赎的人，即一生品行端正的人，会继续活在坟墓中。后来，人们开始相信，正义死者的灵魂会被天空女神努特提升到天上，变成星星。到了中王国时期，对奥西里斯的崇拜已经牢固确立，人们对死后境界的描述也更加详细，包括一个被称为杜阿特的广阔地下世界，奥西里斯在真理殿对灵魂的审判，包括在正义天平上称量心脏，以及在芦苇田中获得永生。被称为《天牛之书》的文本部分内容可追溯到第一中间期，其中提到拉神

❶ Paule Posener-Kriéger, *Hieratic Papyri in the British Museum.Fifth Series.The Abu Sir Papyri*, London: British Museum Press, 1968, pp.92-93.

❷ Adolf Erman、Hermann Grapow eds., *Wörterbuch der Aegyptischen Sprache*, Vol.4, p.368.

❸ Adolf Erman、Hermann Grapow eds., *Wörterbuch der Aegyptischen Sprache*, Vol.5, p.381.

❹ 同❷, p.558.

❺ James P.Allen, *The Ancient Egyptian Pyramid Texts*, pp.102、156.

在决定不毁灭他创造的人类后创造了芦苇田。

考虑到荷鲁斯在古埃及的形象较为特殊，其上身经常身着一件鳞甲，可能就是所谓的 ST，今人在图坦卡蒙的墓中发现的一件以金属鳞片穿缀而成的衣物，虽被一些人认为是古埃及鳞甲的实物，但更可能是 ST 的实物。

Ss，始见于中王国时期，该词的本义泛指"亚麻布"。❶由于埃及出产的白色雪花石膏亦称 Ss，笔者据此推断该词特指白色或浅色的布料。

小结：上述词汇的使用均跨越数个时期。其中 Hbs、mnx.t、sjA.t、dAjw 是表示衣物的最基本词汇，有的泛指所有种类的布料或衣物，有的则对于日常生活或者丧葬具有尤其重要的意义。HAtj、nfr、sdb、Tnfjt 均为各种质地较佳的亚麻布或以此种布料制成的长袍，其质地决定其非一般劳动者能享用。wnH.w 可能也是对衣物的泛称。Ss 侧重区分衣物的颜色，指以浅色亚麻布制成的长袍。在这些词汇当中，仅 dAjw 见于工匠村的文献，属于平民的日常穿着。

（二）第二组词

第二组词汇仅见于少量文字史料，其所指的服装可能在时间、空间、穿着者的社会阶层等方面具有明显的局限性。

jdg，仅见于新埃及语，表示"一种长袍"，词源不明且未见其他词与之同源。❷这种物品在工匠村的交易价格为 10~15 个铜德本，但今人对其形制毫无头绪。J.J. 杨森根据该词的限定字符推断其为头巾，并根据其价格推断其以比较精致、昂贵的布料制成❸，但工匠村并无图像史料或实物史料为其提供佐证。

msj，仅见于新王国时期，表示"一种短袍"，有异体字 mss 与 msst，词源不明。❹从工匠村的文献记载来看，该服装无论男女均可穿着，价格低廉并且稳定，多为 4~5 个铜德本，是当地居民买卖最频繁的衣物种类。❺以此推断，相较于 dAjw，这种衣物的长度更短，所用布料更薄。由于先前用于表示短围裙的 SnDyt 在新王国时期颇为罕见，或许是后起词 msj 取代了 SnDyt 的位置来表示短围裙。

rwD，仅见于新埃及语，埃尔曼解释为"衣物；上埃及的亚麻布制成的衣物；

---

❶ Adolf Erman、Hermann Grapow eds., *Wörterbuch der Aegyptischen Sprache*, Vol.4, p.539.

❷ Adolf Erman、Hermann Grapow eds., *Wörterbuch der Aegyptischen Sprache*, Vol.1, p.155.

❸ Jac.J.Janssen, *Commodity Prices from the Ramessid Period, an Economic Study of the Village of Necropolis Workmen at Thebes*, pp.282-284.

❹ Adolf Erman、Hermann Grapow eds., *Wörterbuch der Aegyptischen Sprache*, Vol.2, pp.143、149.

❺ 同❸, pp.259-264.

有颜色的布料制成的衣物"，有异体字rd，可能源于形容词rwD"坚固"。❶工匠村的文献表明这种衣物为一块狭长的布料，主要由女性穿着，价格较低，在5~15个铜德本，因此J.J.杨森将其解释为一种"披巾"❷。埃尔曼的解释并未言明颜色的种类，工匠村的文献则未提及这种衣物的布料是否有颜色，但古埃及人用赭石（主要成分为氧化铁）为布料染色的传统由来已久，工匠村也确实出土了以赭石染色的纺织品❸，笔者认为该词应指一种红色系的亚麻披肩，供女性日常穿着。

Xnkj，仅见于新埃及语，表示"见于一份衣物列表"，词源不明。❹工匠村的文献提及，该类衣物的送洗数量极大，但未留下买卖该衣物的记录，其价格等情况无从得知。❺

smA.w，仅见于新王国时期，表示"一种衣物"，可能源于动词smA"合一"❻，该词在埃及语文献中极罕见，所指不明。❼

qdmr，仅见于新埃及语，表示"一种长袍"。❽该词的词源不明且未见有同源词，其比较特殊的拼写方式也表明这应是一种外来的服装。

knt，仅见于新埃及语，表示"一种长袍"。❾该词的词源不明且未见有同源词，其比较特殊的拼写方式也表明这应是一种外来的服装。

mTAm，词源不明，埃尔曼将其解释为"女孩的衣物"。❿笔者见到三个用例，分属第十一王朝（开罗JE 45057号碑）、第十二王朝（佛罗伦萨2540号碑和柏林3029号草纸）。第一个用例出自王家作坊总管之手，此人自称"把mTAm给予美人，把饰物给予国王的爱人"。⓫而且，该用例是埃尔曼解释该词含义时可参照的唯

❶ Adolf Erman、Hermann Grapow eds., *Wörterbuch der Aegyptischen Sprache*, Vol.2, pp.410、463.

❷ Jac.J.Janssen, *Commodity Prices from the Ramessid Period, an Economic Study of the Village of Necropolis Workmen at Thebes*, pp.284−286.

❸ Gillian Vogelsang−Eastwood, "Textiles", in Paul T.Nicholson and Ian Shaw eds., *Ancient Egyptian Materials and Technology*, Cambridge University Press, 2000, p.278.

❹ Adolf Erman、Hermann Grapow eds., *Wörterbuch der Aegyptischen Sprache*, Vol.3, p.385.

❺ 同❷, p.277.

❻ 同❹, p.452.

❼ Jac.J.Janssen, *An Unusual Donations Stela of the Twentieth Dynasty, The Journal of Egyptian Archaeology*, 1963（49）, p.79.

❽ Adolf Erman、Hermann Grapow eds., *Wörterbuch der Aegyptischen Sprache*, Vol.5, p.82.

❾ 同❽, p.134.

❿ 同❶, p.175.

⓫ A.H.Gardiner, "*The Tomb of a Much-Travelled Theban Official*," *Journal of Egyptian Archaeology*,1917（4）, Pl.Ⅷ.

一依据。❶但后两个用例均以短语"脱掉mTAm"（fx mTAm）描述国王Sesostris I由少年变为成年。❷综上，该词所指布料的样式不明，但应该王家作坊织造并仅供王家的女性或少年穿用，并且应该仅限于中王国时期。

smt，词源不明，埃尔曼编撰词典时仅见到一个用例。❸该用例见于第十八王朝初期，一名水手长在回忆少年在战船上服役的经历时，自称"当时我是少年，尚未娶妻，睡在smt-Snw中"（jw=j m Srj, n jrj.t Hm.t, jw sDr=j m smt-Snw）❹。埃尔曼把短语smt-Snw前面的介词m理解为"穿着"，因而将短语解释为"未婚者在睡觉时的一种衣物"❺，换言之，按照埃尔曼的解读，此水手长在晚上睡觉时是"身着smt-Snw衣物"，而且其弟子泽特（K. Sethe）在翻译该文献时也确实是照此思路进行❻。然而，Snw指"绳索"并无疑义，因此笔者认为smt-Snw就是指战船上的一种绳索，介词m在此应取最基本的含义"在某物之中"，因此水手长在此就是描述其当年每晚在缆绳当中度过，寓意由于尚未婚配而以船为家。综上，该词应当并非描述某种衣物，前人的解读应当有误。

小结：这类词因使用频率较低，今人对其词意的判断未必准确。另外，随着古埃及与周边民族交往的增多，埃及语中出现了一些显然表示外来服饰的词汇，例如qdmr与knt。工匠村的文献则使今人得以窥见当时劳动者的衣物。jdg、msj、rwD、Xnkj均为工匠村居民较常用的衣物。其中jdg可能是以精美、昂贵布料制作的头巾；msj应为较薄、较短的围裙，供人在气温较高的月份穿着，前面提到的dAjw则应为较厚、较长的围裙，供人在气温较低的月份穿着，两者均不限定穿着者的性别；rwD应为颜色较深、布料较厚的披肩，仅供女性在气温较低的月份穿着；Xnkj因出现较少，其确切含义难以确考。另外，工匠村的文献中还提到数个表示衣物的词汇未见于埃尔曼的词典，但大多因出现频率较低而难以确考。其中仅sDy和DAyt出现频率稍高。sDy的价格低廉，在4个铜德本左右，由于其在文献中往往伴

❶ Adolf Erman、Hermann Grapow eds., *Wörterbuch der Aegyptischen Sprache, die Belegstellen*, Vol.2, p.255.

❷ J.H.Breasted, "The Wadi Halfa Stela of Senwosret I," *Proceedings of the Society of Biblical Archaeology*,1901（23）, Pl. Ⅲ ; id., *Ancient Records of Egypt*, Vol.1, p.243.

❸ Adolf Erman、Hermann Grapow eds., *Wörterbuch der Aegyptischen Sprache, die Belegstellen*, Vol.4, p.21.

❹ K.Sethe, *Urkunden der 18.Dynastie*, p.2.

❺ Adolf Erman、Hermann Grapow eds., *Wörterbuch der Aegyptischen Sprache*, Vol.4, p.119.

❻ K.Sethe, *Urkunden der 18 Dynastie, Bearbeitet und Übersetzt*, Vol.1, p.1.

随dAjw出现，应为与之配套的三角形兜裆布。❶DAyt的价格与dAjw相仿，约为15个铜德本，可能也为女性的御寒衣物的一种。❷由于工匠村的男性居民专司建造王陵，其吃穿用度均由官府集中供给，因此其特殊身份决定他们的穿着未必能作为普通劳动者的代表。但另一方面，这些工匠们又显然不属于统治阶层，其许多衣物从未见诸统治阶层的笔端，这些衣物可能并非新王国时期的新生事物，只是其穿着者在那个时代所留下的记录由于偶然的原因被今人获取并研究。

总而言之，古埃及人有丰富的词汇来表达其所穿着的衣物，而且词汇的变化相较于语法体系的变化更加迅速。一方面，作为一种普遍现象，古代民族往往需要具有一定思辨能力的时候才能以属加种差的方式为事物命名，否则往往以丰富的词汇对同一类事物的细微差异进行区分。我国古代的先民也曾以偏旁"衤"创造出大量表达服装的单字，其中就有一些字表达相近或相同的事物，例如"被"与"衾"均表示被子，仅幅面大小有别；"褛""褽"则与"衽"可以互训。❸古埃及的词汇应当亦有此现象。另一方面，词汇具有明显的时代差异、方言差异以及使用者在社会阶层、专业领域方面的差异。同一事物在不同时代、不同地点、不同领域可能具有不同的称呼。古埃及虽无与我国《尔雅》《说文解字》相类似的字书，不能为今人澄清词汇之间的差异，但今人可以以此为启发去进一步澄清古埃及词汇的确切含义。

第三节　服饰文物

考古出土的服饰实物是研究古埃及服饰最直观的材料。本书借助这些考古实物资料，再结合文献史料、图像史料中的描述，加以考证，以求图、文、物相符。这有助于进一步还原古埃及服饰的历史原貌。考古出土的服装实物本应该是本书最主要的史料，然而存世的此类物品数量极其稀少。这一现象是由自然与历史两方面原因共同造成的。

---

❶ Jac.J.Janssen, *Commodity Prices from the Ramessid Period, an Economic Study of the Village of Necropolis Workmen at Thebes*, pp.272-277.

❷ 同❶, pp.278-282.

❸ 许慎：《说文解字》卷八（上），徐铉校定，北京：中华书局，2013年，第169页。

古埃及服饰研究

自然原因方面，埃及北方丰富的地下水不利于纺织品的保存，只有南方的干燥环境对于纺织品的保存颇为有利，因而绝大多数现存的古埃及服装实物皆出土于埃及南方各地，尤其是与尼罗河有一定距离的沙漠边缘地区。

历史原因方面，对埃及的盗墓活动由来已久，早在古埃及尚有国王的时代就有王陵遭到盗掘。到了新王国时期末期，随着整个社会秩序逐步走向崩坏，盗墓现象便屡见不鲜。根据《盗墓案件审判文书》的记载，盗墓活动主要发生在第二十王朝后期，失窃墓葬包括十七王朝的法老及其王后墓葬群，还有一些私人坟墓。此外，还包括对一些葬祭神庙的财物和建筑物的劫掠。值得注意的是，新王国几个王朝的法老陵寝并不在盗墓者的盗窃范围内，因而这些陵寝基本保持完整。

近现代，欧美国家博物馆的藏品大多得自19世纪的"野蛮发掘"，某些寻宝者甚至在发掘过程中用炸药直接炸出一条道路，并点燃墓中的织物甚至木乃伊残骸用于照明。最终，历经重重磨难得以保存至今的文物往往是金银珠宝等价值较高的文物，以及石碑、石像、石棺等质地较坚硬的文物，绝大多数衣物则彻底消失。

还有一点需要注意，古代衣物根据制作与穿着的方法分为三类。第一类在本质上就是一块矩形或其他形状的布，或可缀有花边、流苏等装饰，但未经过裁剪与拼接，穿着者仅需将其以各种方式围裹在身上，再以挽结或系带的方式，或者借助别针、束腰等工具将其固定。第二类和第三类衣物在制作时都经过了裁剪或拼接，不同之处在于是否开襟。第二类开襟，穿着者将其披在身上，而后或敞身，或借助系带、束腰等工具束衣。第三类不开襟，衣身较肥大，领口亦大，以便于穿着者将其从头上套下，而后或束衣、或不束衣。

在古埃及，占人口绝大多数的平民仅有寥寥数件衣物。而且就浮雕壁画当中的平民形象而言，其衣物基本属于第一类。当时的生产力水平尚低，生活资料得之不易。对于新王国时期建造王陵的工匠而言，购置一件日常衣物需花费其一户家庭半个月的口粮，贵重衣物甚至需要花费两三个月的口粮。不难想见，普通民众对于衣物必然倍加珍惜，例如一名工匠曾写信指示其子将两件旧衣物改作他用❶；多数平民应该在年迈或去世时将衣物赠予子女，而非将其带入坟墓。尽管把死者遗体包裹成木乃伊的做法是古埃及文明最著名的一项文化特征，但占据古埃及人口绝大多数的中下层民众在死后仅被草草葬于沙坑之中，并仅以一张布和一张草席裹尸。笔者认为，裹尸布有可能就是墓主人生前所穿着之物，换言之，墓主人生前所穿的衣物

❶ A.McDowell, *Village Life in Ancient Egypt, Laundry Lists and Love Songs*, Oxford: Oxford University Press, 1999, p.75.

在墓主人死后又以裹尸布的形式与之一同下葬。但如此一来，墓主人生前如何穿着此物便无从考据。

对古埃及的盗墓活动古已有之，古代王陵几乎全部被盗掘一空。保存较好且发掘较细致的王陵仅第十八王朝（约公元前1550—前1295年）国王图坦卡蒙（Tutankhamun，约公元前1336—前1327年）的帝王谷62号墓。图坦卡蒙作为一位年轻的法老，在继位时年仅九岁，尽管他在位时间较短，其统治对古埃及的宗教、政治、经济等方面产生了重要影响。

图坦卡蒙的父亲是法老阿蒙霍特普四世，即埃赫那吞，他在位期间推动了对太阳神阿吞的崇拜，进行了一系列宗教改革。这一改革引发了广泛的社会动荡，尤其是对传统多神教信仰的冲击。图坦卡蒙在父亲去世后，年幼继位，因此他在位期间很大程度上依赖于权臣的辅佐。图坦卡蒙的统治时期，最为显著的政策之一是恢复古埃及传统的宗教信仰。图坦卡蒙即位后，他与辅佐他的大臣共同决定放弃父亲阿蒙霍特普四世时期的宗教改革，恢复对阿蒙神的崇拜。阿蒙作为古埃及最重要的神祇之一，恢复其崇拜有助于平息民众的不满和恐慌。图坦卡蒙在位期间，指示重建被毁坏的神庙，尤其是阿蒙神庙。这一政策不仅是对宗教信仰的恢复，也是对国家稳定和社会和谐的追求。复原传统宗教信仰的同时，也提升了祭司的权力与地位。祭司们在古埃及社会中扮演着重要的角色，负责宗教仪式和社会秩序，恢复他们的权力有助于增强国家的统治基础。

在图坦卡蒙的统治下，政治局势相对复杂。由于图坦卡蒙年幼，实际上他的统治权力很大程度上掌握在权臣手中，如阿伊（Ay）和霍伦海布。阿伊曾是图坦卡蒙的顾问，在图坦卡蒙去世后，他接任为法老。这种权力结构在某种程度上影响了图坦卡蒙的决策，甚至有学者认为一些政策是由阿伊主导的。尽管权力被权臣所把持，图坦卡蒙的统治仍然相对稳定。通过恢复传统宗教信仰，图坦卡蒙获得了民众的支持，减少了反对派的势力，确保了国家的平稳运行。图坦卡蒙在位期间，与周边国家的关系保持稳定。他延续了父亲在位时期的外交政策，注重与赫梯等国家的外交往来，以确保国家的安全和稳定。

图坦卡蒙的统治同样涉及经济政策与社会改革，虽然具体措施不多，但其影响不可忽视。在宗教恢复与社会稳定的背景下，农业经济逐渐复兴。古埃及的农业依赖于尼罗河的洪水，恢复传统宗教后，农民对丰收的期待得以提升，社会的经济基础逐步稳固。通过恢复宗教信仰和维护稳定的政治环境，图坦卡蒙成功促进了社会的繁荣与发展。在相对和平的环境中，艺术、工艺、文学等领域也得以繁荣。图坦卡蒙的统治对古埃及的文化与艺术产生了重要影响。在图坦卡蒙即位前，古埃及的艺术表现形式受到了宗教改革的影响，许多艺术作品趋向于表现阿吞的形象。然而，图坦卡蒙恢复传统后，艺术创作回归了对多神教的表现，对于人物以及场景的表现恢复如初，由此丰富了古埃及艺术的表现形式。通过与周边国家的交往，图坦卡蒙的统治时期还促进了文化的交流与融合。这种文化互动不仅丰富了古埃及的文化内涵，也影响了邻国的艺术与宗教信仰。

图坦卡蒙法老的 KV 62 号墓，实际上在国王下葬后不久也遭遇至少两次盗墓，出土的随葬品清单上有些物品在现代发掘的过程中始终不见踪迹，应该就是被古代盗墓贼窃取，所幸盗洞被及时发现并封堵。随后，该王朝最后一任国王霍连姆赫布（Horemheb，约公元前1323—前1295年）的帝王谷57号墓在开凿过程中产生的碎石被堆弃在此，将图坦卡蒙墓彻底掩埋，故该墓连同其丰富的宝藏才得到保存至现代。图坦卡蒙墓的发掘者霍华德·卡特在此发现了数量可观的御用衣物，但其在公开发表的著作中为追求轰动的新闻效果而仅提及贵重的黄金器物，对这些衣物几乎只字未提。后来人在其笔记中发现其记录下至少43件三角形围裙，16件四边形围裙，另有至少25件衣物被简单记录为裹腰布。[1] 但由于卡特的工作笔记未公开，今人难以得知这些衣物的详情。但这组数字也可证明，即使国力鼎盛时期的古埃及，国王的衣物也是前述第一类围裹式的衣物居多，后两种衣物较少。从统计的角度讲，较小的基数与概率共同导致后两种衣物存世数量之稀少。

这些服饰文物大多收藏于各大博物馆内，也有一小部分藏于私人收藏家手中。由于条件有限，笔者在创作论文之际无法走访各家博物馆，因此对于博物馆藏古埃及服饰的描述，往往依赖于博物馆官方网站所提供之信息。此外，私人收藏家手中的古埃及服饰文物收藏信息，则更加难以掌握，因此在此仅提出这一史料来源思路，并无法实际探究这一类史料的真实状况，这些都是本书写作过程的一大遗憾，谨此说明。

大英博物馆位于英国伦敦，是世界四大博物馆之一，同时也是世界上历史最悠久、规模最宏伟的综合性博物馆。馆藏有近800万件藏品，多为18～19世纪英国对外扩张时从世界各地攫取而来。在古埃及文物方面，英国大英博物馆也收藏颇丰，包括著名的罗塞塔石碑和法老阿蒙霍特普三世头像、法老拉美西斯二世头像等。在古埃及服饰藏品方面，仅古埃及的凉鞋品类，就有逾200件。藏品时间跨度基本涵盖了古埃及各个历史时期。相较于凉鞋，古埃及衣物的藏品就比较匮乏了。只有约

---

[1] Jac.J.Janssen, *Commodity Prices from the Ramessid Period, an Economic Study of the Village of Necropolis Workmen at Thebes*, Leiden: E.J.Brill, 1975, p.253.

50件藏品，而且其中主要是一些服饰织物的残片，还有一些是木乃伊裹尸布的残片，时间也主要集中在新王国之后，特别是托勒密王朝及古罗马统治时期。尽管这些材料对古埃及服饰的形制研究的参考意义不大，但仍能在一定程度上考察古埃及的纺织工艺与技术。

卢浮宫位于法国巴黎，位居世界四大博物馆之首，主要以收藏丰富的古典绘画和雕刻而闻名于世。在古埃及藏品方面，卢浮宫的古埃及藏品情况与大英博物馆大抵相当，基本包括了织物、鞋履以及一些珠宝首饰等。纽约大都会艺术博物馆是美国最大的艺术博物馆，同时也是与英国伦敦的大英博物馆、法国巴黎的卢浮宫、俄罗斯圣彼得堡的艾尔米塔什博物馆齐名的世界四大博物馆之一。纽约大都会艺术博物馆的古埃及藏品虽在数量上不及大英博物馆和卢浮宫，但胜在质量上乘，包括保存完好的围裙、长袍、披肩、冠冕、假发、凉鞋以及各种饰物，甚至包括木乃伊最外层的串珠罩衣。这些藏品为古埃及服饰史构建了生动立体的画卷。此外，德国柏林博物馆、意大利都灵埃及博物馆、埃及开罗国家博物馆以及一些大学自设的博物馆中都有一定数量的古埃及文物馆藏，这些不同时代、不同种类、不同形制的古埃及服饰文物，是我们考察古埃及服饰的造型、制作工艺、发展流变等最强有力的证据。

埃及开罗博物馆的几件藏品尤其值得一提，为我们研究古埃及新王国时期的服饰提供了实物资料。其中包括出土自图坦卡蒙墓的直筒形长袍（JE 62626号藏品）、胸甲（JE 62627号藏品）、披肩（JE 62662号藏品），以及其他手套、方巾等物品。该博物馆还有少量实物零星出自其他王陵，例如CG 45626号衣物残片出自阿蒙霍特普二世的王陵（帝王谷43号墓），JE 55182号披肩出自阿蒙霍特普二世王后的后陵（王后谷62号墓）。

出土于麦地那工匠村平民墓葬的衣物实物作为史料存在诸多问题。一些款式与图像史料中的样貌存在较大出土，令人不能确定两者是否为同一种衣物，另一些款式则干脆不见于图像史料。例如，有一种带袖子的长袍，袍身为直筒形。这种衣物早在古王国时期就有文献零星提及，而且被今人推测为现代埃及男性日常穿着的埃及大袍（galabiyeh）的源头❶，但其不见于古埃及的任何图像史料，在文字史料中亦罕见，其起源以及实际用途几乎无从考证。

古埃及服饰研究

---

❶ R.Hall, *Two Linen Dresses from the Fifth Dynasty Site of Deshasheh Now in the Petrie Museum of Egyptian Archaeology, University College London, The Journal of Egyptian Archaeology*,1981（67），p.168.

第四节　图像史料中的服饰

由于服装实物难以长久保存，而文字史料又不够形象直观，因而图像史料成为今人研究古埃及服装的首要史料。然而，今人在利用图像史料时需要时刻对以下两个问题保持警惕，一是图像的真实性，二是图像的时效性。

首先，古埃及壁画、浮雕、雕像从创作风格来讲就不属于写实主义。尽管今人尚不能确定古埃及工匠是否曾提炼出人体最完美的结构比例，但古埃及绝大多数人物肖像，尤其是精心制作、做工精良的文物，都是基于人物最年富力强、身形最为健美时的相貌进行创作，只有少数作品较为真实地刻画了主人公晚年臃肿的身材。肖像中人物的服装可能也经过了选择与艺术加工，以符合古埃及人的美学并充分展现人物的形体之美。因此，尽管出土于塔尔罕的长袍已经表明，古埃及贵族最晚在古王国时期就已经身着长袍，但可能因为肥大的袍子遮住了身体线条，因此在古王国时期以及中王国时期，上至国王下至奴仆，几乎一律赤裸上身。出于同样原因，真实的围裙可能不像肖像中那样挺括，围裙上的褶皱也未必如肖像中那样细密整齐。

除了创作美学的影响，美术创作的服务对象也是影响作品真实性的重要因素。美术作品的创作大多是为国王与官员服务，尽管有一些图像表现了劳动场景，但主要还是反映了统治阶层的衣着。在古埃及人口中占据主体地位的平民大多无力承担体面的住宅与墓葬，因而较少留下壁画、浮雕等图像史料，无法为今人展现他们的生活。而且，平民的生活用品有相当部分以苇草、木头等材料制成，相较于王公贵族以金属、石料制成的生活用品更加难以留存至今。今人对古埃及平民生活的了解理应以工匠村以及其他村落遗址的出土史料为主要依据。但此类史料数量有限，今人不得不借助原本服务于统治阶级的美术作品，尽管其内容主要是祭祀与战争，但难免会记述与生产、生活有关的场景，例如耕种、放牧、狩猎、休闲以及手工业生产。尽管这些壁画与浮雕往往见于墓葬，其内容描绘了墓主人理想中的来世生活，但应该取材于现实生活，具有一定现实依据，但又失之片面。

其次，古埃及的劳动场景以农业生产为主，包括收割、打场、筛谷，以及榨取葡萄汁和酿酒等。但农作物的生长规律决定农忙时节的气温必然不会太低，这就无怪乎图像中的人物大多赤裸上身。相反，农闲时节往往是一年当中气温较低的时期，但图像史料较少刻画民众在农闲时节的活动，也就无从体现其在此时的穿着。最后，然而随着生产力的发展，古人的服装种类必然越发丰富；另外，随着社会分化与社会分工的发展，不同阶层与不同行业之间的鸿沟也必然逐渐加大甚至难以逾越。当新王国时期麦地那工匠村的工匠们装饰自己的家族墓葬时，尽管其本身属于平民阶层，但却采用了其工作当中更为熟悉的官员墓葬的装饰题材，结果导致图案中人物的服装与工匠村出土的涉及衣物买卖和洗涤的文献所记载的情况完全不符。

再次，作为平面艺术的浮雕与作为立体艺术的雕像对材质与雕刻技法有不同的要求，并且制约着各自的表现形式以及人物服饰的真实性。例如平面图像当中的红王冠的顶部有一根向前伸出并卷起的须，然而立体造像中的红王冠却无此物，或者用于插放此物的孔洞。又例如在新王国时期，壁画与浮雕中的王冠变得越发繁复，但在雕像当中却没有显著变化。另外，平民也能用一些相对廉价的木料制作木雕陪葬。尽管此类木雕做工粗劣，但使今人有更多机会观察古埃及中下层民众的衣物。无论如何，图像史料相比于实物与文字更加丰富而且直观，所以仍然是研究古埃及服装形制演变的首要史料。总之，图像史料创作者的美学追求、题材选择以及技术条件都会对图像内容的真实性产生影响。

最后，宫庙建筑和官员墓葬这些庄严肃穆的场合还会使美术作品的创作风格趋向保守，因而有时不能真正体现人们当时的穿着。以第十八王朝为例，阿玛尔纳改革前后的人物肖像在衣着方面具有非常显著的变化，阿玛尔纳的艺术风格在整个埃及历史发展过程中都是独树一帜的。其最显著的特点之一是对自然主义的追求，在这个时期，艺术家们开始更加真实地表现人类的形态和情感。与之前的古埃及艺术相比，阿玛尔纳艺术中的人物造型更加生动，注重个体特征的刻画。人物的姿态和表情更为自然，表现出了一种柔和的美感。例如，埃赫那吞和他的妻子奈菲尔提提（Nefertiti）的雕像展现了他们的面部特征和身体比例，呈现出一种前所未有的亲密感和人性化的表达。这种对细节的关注和对人物内心情感的刻画，使得阿玛尔纳艺术在古埃及历史上绝无仅有。

尽管阿玛尔纳艺术在自然主义方面有所突破，但它也表现出一些夸张和变形的特征。尤其是在对法老和皇室成员的表现上，常使用夸张的形态来传达权力和神性。例如，埃赫那吞的身体被描绘得相对纤细，脸部则有着夸大的五官特征，这种表现方式不仅传递了其神圣性，还强调了其与传统形象的不同。这种变形的手法可以看作是对传统艺术风格的反叛，同时也反映了埃赫那吞追求新秩序和新信仰的决心。

阿玛尔纳艺术在构图上也表现出新的特点。与古埃及艺术常见的严格前视图不同，这一时期的艺术作品常采用更加自由和动态的构图方式，人物之间的互动更加明显，场景设置也更为多样。在一些壁画和浮雕中，法老与家人、神灵之间的互动被生动地描绘出来，展示了埃赫那吞和奈菲尔提提与孩子们在日常生活中的亲密关系。这种新颖的构图方式不仅展示了家庭和谐的美好，也反映了埃赫那吞对人性化和亲密关系的重视。阿玛尔纳艺术在色彩的运用上也有显著的变化。艺术家们开始使用更丰富的色彩，特别是在壁画中，常常运用鲜艳的颜色来增强视觉效果。色彩的运用不仅限于单一的色调，而是通过渐变和对比来展现更为复杂的视觉效果。这种对色彩的大胆运用不仅增强了艺术作品的表现力，也使作品在视觉上更加引人注目。色彩的使用与宗教主题相结合，常常在壁画中表现出阳光照耀下的神圣氛围。

阿玛尔纳时期的艺术作品在主题上也有所改变。传统的神话故事和宗教仪式被逐渐替代，取而代之的是对家庭生活、法老个人形象及对阿吞神的崇拜。在阿玛尔纳时期，法老的个人形象成为艺术创作的重要主题。埃赫那吞的肖像被大量创作，体现了他作为法老的神圣性与统治权威。这些肖像不仅是政治权力的象征，也是新宗教信仰的代表。此外，阿吞神的形象频繁出现，表现了对新神的崇拜。艺术作品中，阿吞通常被描绘成一个圆形的太阳，光芒四射，象征着生命和创造。法老和皇室成员常被描绘在阿吞的光芒下，表现出他们与神明的紧密联系。

但古代社会发展缓慢，衣着形制的改变也不可能一蹴而就，因而变化应早在改革之前甚至早在该王朝建立之初就已发生。然而，改革之前保守的创作风格使当时的图像史料不能对此有所体现，直到政治与宗教的改革影响到艺术创作，更加贴近生活的新作品才开始更加真实地记录当时人们的衣着。更具体的例子是一种被古人称为mss.t的罩衫，现存最早的实物史料出自第十一王朝的一座墓葬❶，但直到第十八王朝才出现在图像史料当中❷。

综上所述，一方面，今人在研究古埃及的服装时，虽掌握了一定的文字史料以及数量非常丰富的图像史料，但实物史料数量有限。而且，今人根据古埃及人表述服装的词汇之丰富可以知道其拥有发达的服饰文化，虽然凭借词源、词意、上下文等信息虽然可以大致推断服装的颜色、质地以及社会文化意义，但无从得知其形

❶ W.Hayes, *The Scepter of Egypt, a Background for the Study of Egyptian Antiquities in the Metropolitan Museum of Art*, New York: The Metropolitan Museum of Art, 1978, Vol.1, p.240.

❷ E. Riefstahl, *A Note on Egyptian Fashions, Bulletin of the Museum of Fine Arts*,1970（68）, pp.255.

制。另一方面，今人凭借各种图像史料可以确定一些古埃及服装的形制，但又无从得知其称谓。最后，存世实物的稀少又使今人无从确定词汇与图像当中的衣物是否真实存在以及如何穿着。总之，今人虽掌握了一定的史料，但仍很难明确实物、文字与图像三者之间的对应关系。

第二章

古埃及男性服饰

第一节 国王服饰

一、常服

今人对于古埃及前王朝时期与早王朝时期的服装情况几乎一无所知。一方面此时的埃及文字尚处于形成时期，文字史料稀少，未能留下太多与服装有关的线索。另一方面，这一时期带有人物肖像的图像史料数量有限，而且其工艺水平往往不足以细致表现人物的衣着。以著名的希拉康波利斯100号画墓的彩绘壁画为例，其精美只是相对于当时的生产力水平而言，人物的刻画技法仍很稚嫩。在这一时期的文物当中，对于研究服装最具史料价值的仅有"蝎王权标头"和"纳尔迈调色板"，两者均较为细致地刻画了当时国王所穿戴的衣物与冠冕。这导致今人难以追寻古埃及文明诞生之初国王服装的源头（图2-1）。

图2-1　蝎王权标头局部（左图）与纳尔迈调色板局部（右图）

纳尔迈调色板，也被称为"纳尔迈胜利调色板"和"希拉康波利斯调色板"，是一幅展现古埃及礼仪的雕刻品，高略超过64厘米，形状像人字形盾牌，描绘了第一王朝国王纳尔迈征服敌人并统一上埃及和下埃及的情景。它包含了在埃及发现的一些最早的象形文字，可追溯到公元前3200—前3000年。调色板由一整块粉砂岩雕刻而成,这种材料在古埃及第一王朝时期常用于礼仪用品。调色板两面均有雕刻,这意味着它是为仪式而非实用目的而制作的。日常使用的调色板只在一面装饰。纳尔迈调色板雕刻精美,讲述了纳尔迈国王在战斗中的胜利以及古埃及统一时得到诸神认可的故事。

在调色板的正面,纳尔迈戴着下埃及的红色王冠,这表示下埃及已被他征服。这一场景下方是调色板上最大的雕刻,描绘了两个人缠绕着未知野兽的蛇颈。这些生物被解释为代表上埃及和下埃及,但这部分没有任何内容可以证明这种说法。没有人能确切地解释这部分的含义。在调色板这一侧的底部,国王被描绘成一头公牛,用它的角冲破城墙,用蹄子践踏敌人。调色板的另一面则是一幅连贯的图画,画中纳尔迈手持战棍,正要击倒他抓着头发的敌人。他的脚下还有另外两个人,他们要么已经被斩杀,要么正试图逃脱。一位秃头的仆人站在国王身后,手里拿着他的凉鞋,而在他前方,在被征服者的上方,荷鲁斯神注视着国王的胜利,并通过给他带来更多的敌人战俘来祝福他。调色板两面的顶部都装饰有动物头,这些头被解释为公牛或母牛。考古学家和学者认为这些是母牛的头,他们将这些雕刻与女神哈索尔联系起来,因为哈索尔经常被描绘成"一个长着牛头的女人""一个长着牛耳朵的女人",或者就是"一头母牛"。更合理的解释是,这些头代表公牛,因在调色板的其他地方,国王被描绘成一头冲进城市的公牛。公牛代表国王的力量、活力和权力。

与纳尔迈调色板的场景类似,尺寸通常取决于地位,国王被描绘得比下级更大。权杖头上,国王手持锄头,身披牛尾站在水边,他头戴上埃及的白冠,身后跟随着两名持扇者。他的头部附近描绘了一只蝎子和一个类似于莎草符号的纹饰。他面前是一名提着篮子的男子,还有一些手持旗帜的人。许多侍从在运河岸边忙碌。国王随从的后方是一些植物、一群拍着手的妇女和一小群人,他们都背对着国王。

然而,纳尔迈(Narmer,约公元前3080—前3040年在位)与蝎王(Scorpion,生活年代略早于纳尔迈)的服装性质大体相同而与身边的众人不同,也表明在文明诞生的前后,部落首领向国王的转变并非跨越式的,而是渐进的。本书无意纠缠于前王朝时期埃及是否已存在国家,蝎王能否纳入国王范畴等涉及政治学理论的问题,只为便于行文而沿用"蝎王"这一称呼。如图2-1所示,蝎王与纳尔迈二人均头戴白王冠,腰后悬挂牛尾,不同之处在于前者手持农具,后者手持武器并在小腹前悬挂着狩猎与作战时佩戴的饰物,可能即前文提到的THn.t。但这一时期再无其他保存良好的图像史料,而且无实物史料存世,笔者无从判断二人的衣着款式,只能推测其可能是两件衣物组成的套装。另外,古埃及人对这种款式是否有专用称谓亦无从考证。内衣是一件紧身围裙，上沿的高度大致齐胸，下沿的高度在大腿中部。外衣形如披风，从一侧肩膀跨过并打结。衣物外面以腰带进行固定。这种短袍在古王国时期的国王肖像中已经颇为罕见。但在西奈半岛的玛伽拉旱谷（Wadi Magharah），有一块属于第六王朝（约公元前2345—前2181年）国王佩皮二世（Pepi Ⅱ，约公元前2278—前2184年在位）的小石碑，国王的肖像虽不甚清晰，但其肩头显然有肩带，或可表明这种款式此时仍有沿用❶。

　　根据古王国时期留存的图像史料来看，国王大多身穿一种形制独特的短款围裙。今人仍不知其在当时是否有特定称谓，本书根据其时代特点以及穿着者的身份称其为古王国御用围裙。如图2-2所示，该围裙由带有密集褶皱的布料制成，上沿在肚脐以下，下沿大致与膝盖平齐，裆部有一梯形坠饰。其出现的时间不晚于第四王朝。早在第一王朝时，一枚象牙铭牌即可能刻画了国王德恩（Den，约公元前2914—前2861年在位）身穿这种围裙的肖像，但毕竟图像不甚精细，甚至该铭牌的真伪近来也遭到质疑❷。还是在西奈半岛的玛伽拉旱谷，第三王朝国王左塞尔的一处肖像仅有模糊的剪影，但其裆部的梯形坠饰说明此人应该身着此种围裙。在同一区域，第四王朝国王斯尼夫鲁（Snefru，约公元前2575—前2551年在位）的一处岩刻肖像则无疑表明这种围裙此时已经存在。❸

图2-2　第四王朝斯尼夫鲁国王击敌肖像

　　此后，这种围裙作为古埃及国王的标志性服装一直沿用至罗马时代，在埃斯纳（Esna）的神庙中，罗马帝国皇帝康茂德（Commodus，180—192年在位）的肖像仍穿着这种围裙。❹但笔者认为，从新王国时期开始，由于国王有了更多种类的

❶ A.Gardiner and T.E.Peet, *The Inscriptions of Sinai*, London: Egypt Exploration Society, 1952, Vol.1, pl.Ⅷ.

❷ T.A.Wilkinson, *Early Dynastic Egypt*, p.256.

❸ 同❶, pl.Ⅱ.

❹ R.Lepsius, *Denkmäler aus Aegypten und Aethiopien*, Berlin: Nicolaische Buchhandlung, 1849–1859, Vol.4, pl.89.

古埃及服饰研究

服装，这种围裙应该不再是日常穿着。而身穿该围裙的国王肖像大多见于国王击敌的题材。该题材的图案如出一辙，如图2-3上图所示，被俘的敌人在国王身前或跪或坐或蹲，国王身体前倾，左手揪住战俘的头发，右手高举权杖，仿佛正要用力击打。这类题材与记述国王御驾亲征的战争题材有所不同，后者具有纪实的性质，较为真实地再现了国王在战场上的戎装，前者则偏重意识形态的宣传，强调国王肩负有打击敌人的职责，因此图案中国王的装束应该已经抽象为一种文化符号。尤其在罗马化时代，有些皇帝甚至从未踏足埃及，却仍在埃及留下了身着这种围裙的国王击敌肖像。

　　古王国时期御用围裙通常由一块狭长的布制成。在新王国时期国王拉美西斯一世（Ramesses Ⅰ）的彩绘墓室壁画中，这款围裙为黄色。而在古王国时期一些大贵族墓葬中的彩绘壁画中，贵族围裙有一侧亦被染成黄色，说明古埃及人视黄色为尊贵的颜色。结合两者推断，古王国御用围裙应该以黄色面料制成。制作时需先为布料打上非常细密的褶皱，再将左右两侧的下角向外向上展开90°至与上角平齐，而后锁边，上边的长度比腰围略长，如图2-3下图所示。

　　笔者认为，呈展开状态的围裙应模仿了鹰翼（图2-3上图），象征鹰隼神荷鲁斯（Horus）的羽翼。荷鲁斯是古埃及神话中最重要的神祇之一，代表天空、光明和统治。荷鲁斯通常以一只鹰隼的形象出现，有时也以人身加上鹰隼头的形象来表现。他在古埃及宗教中占据着核

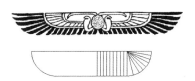

图2-3　古埃及鹰翼图案（上图）与古王国御用围裙展开后状态想象图（下图）

心地位，特别是在法老的神圣性和统治权方面。荷鲁斯的神话起源与古埃及的创世神话密切相关。根据传说，荷鲁斯是奥西里斯（Osiris）和伊西斯（Isis）的儿子。奥西里斯是冥界的神，而伊西斯则是母性与生育之神。荷鲁斯的出生被视为复活与重生的象征，因为他的父亲奥西里斯在邪恶之神赛特（Seth）手中死去，之后在伊西斯的帮助下复活。荷鲁斯的斗争不仅是为了复仇，也是为了继承父亲的王位，象征着正义最终战胜邪恶。荷鲁斯在古埃及文化中有多重象征意义。他是王权和保护的象征，通常被描绘为天上的太阳或月亮。他的眼睛被视为全视之眼，代表着神的洞察力和保护力。荷鲁斯的形象常与法老紧密联系，古埃及人相信法老是荷鲁斯在世的化身，因此，法老在统治期间的胜利与荷鲁斯的庇护息息相关。

　　荷鲁斯的主要神话围绕着他与叔父赛特之间的斗争。赛特是混沌与暴力的化身，他杀害了荷鲁斯的父亲奥西里斯，并试图夺取王位。荷鲁斯与赛特之间的斗争历经多次战斗，包括一场著名的船赛和一系列其他挑战。最终，荷鲁斯在众神的审

判下击败了赛特，恢复了秩序，并成为古埃及的统治者。在古埃及的宗教信仰中，荷鲁斯的眼睛常象征着复仇和保护。在一些神话中，荷鲁斯失去了一只眼睛，这被解释为他在与赛特的斗争中受伤。这个故事与"荷鲁斯之眼"密切相关，后者成为护身符，代表着保护、健康和复活。荷鲁斯在古埃及各地都有崇拜，尤其是在赫利奥波利斯和康翁波等城市。在这些地方，荷鲁斯的祭司负责举行仪式，向他献祭，祈求他的庇护和恩赐。每年举行的节日和庆典中，人们会通过游行和祭祀活动来表达对荷鲁斯的敬仰。

荷鲁斯的影响深远，超越了古埃及的历史，影响了后来的文化和宗教。荷鲁斯的形象被后来的古希腊、古罗马文明所吸收，甚至在基督教的某些元素中也能看到荷鲁斯的影子。他的故事中复活和再生的主题，与许多文化中的神话相呼应，形成了人类对生命和死亡的思考。

而此种形制的围裙，在穿着时只需将其简单地围在腰间并用腰带固定即可，同时也寓意王权的拱卫者——荷鲁斯神正用羽翼为国王提供护佑，但围裙合拢时须注意将左侧压在右侧之上。这种围裙的固定方式应与贵族围裙的固定方式无异，腰带不与围裙一体，围裙的最上侧另以一块狭长而且无褶的布条收边，布条左侧顶端开有一个小孔供纽扣穿过，右侧顶端缀有一粒枣核状硬质纽扣。另外，国王还在围裙里面、两腿之间衬有一条同样带有细密褶皱的梯形布块，以避免暴露其裆部。

在中王国时期，根据各种图像史料判断，国王仍以古王国御用围裙作为常服。例如在出土于卡纳克神庙现存于开罗博物馆的一块立柱残片上，第十二王朝国王塞努斯瑞特一世即穿着这款围裙与普塔神进行互动[1]。但在另一些肖像中，围裙的正面加挂了源于贵族服饰的三角形硬质垂饰。

新王国时期国王经常穿着的衣物主要有两种。古王国时期的御用围裙无论是否加挂三角形硬质垂饰，虽仍频繁出现于国王肖像，但应该已不再被实际穿着，此类肖像只是一种艺术创作。

第一种新出现的款式仍是一种短围裙，如图2-4所示。其给人的第一印象与古王国御用围裙相仿，但褶皱的方向由竖直变为水平。这种围裙的形制与穿着方式也与古王国御用

图2-4 埃赫那吞肖像

❶ P.A.Clayton, *Chronicle of the Pharaohs*, London: Thames & Hudson Ltd, 1994, p.79.

围裙不同。其展开后应大致为正方形，颜色为浅色，例如现存于卢浮宫的埃赫那吞彩绘石像❶，但在阿布辛贝勒神庙也有拉美西斯二世的肖像身穿黄色围裙的例子❷。穿着时只需简单地从后向前将臀部与大腿包裹，四个角向小腹聚拢，再以腰带固定即可，腰带下面加挂梯形饰物遮挡裆部。穿着完毕的围裙上沿在脐下，下沿与膝盖大致平齐。

第二种更为常见的衣着最初兴起于官僚贵族当中的女性，但迅速蔓延至男性群体乃至王室。这种衣物本质上仍是一块素色布，只是穿着方式非常繁复。国王与官僚贵族所用的款式无异，无非国王所用布料更加精细。而且国王即使身着这种衣物，仍可凭借冠冕、裆部的彩色垂饰以及身后的牛尾饰物将自己与其他人区分开来。

二、便服

古埃及的国王肖像多用于宫殿神庙以及王陵等庄严肃穆的场合，着重强调国王作为公众人物在天地万物的秩序中所处的位置，尤其是国王与众神、臣民和敌人的关系，对国王的日常生活反映较少，故而今人对于国王在日常穿着的便装了解不多。然而，在阿玛尔纳的大臣墓区，有几座墓葬的主人是国王的管家，负责打理国王的私产并照顾王室的饮食起居。墓主人的身份以及阿玛尔纳时代美术作品独特的艺术风格为今人提供了研究国王便服的难得材料。当地南墓区3号墓的壁画细致刻画了国王埃赫那吞在接受百官朝觐时所着的盛装，其衣着如前所述，并无显著增减，但其在肩头、上臂和手腕处均佩戴着精美的饰物。作为对比，北墓区7号墓的壁画则描绘了国王与家人休憩的场景以及国王夫妇在城内巡视的场景、在休憩场景中，国王头戴王冠，仅穿着一条围裙，赤足，未佩戴包括牛尾在内的任何配饰；在巡视场景中，国王头戴王冠，足蹬凉鞋，身穿一件轻薄宽松的长袍，同样未佩戴包括牛尾在内的任何配饰。该浮雕对于衣物纹理、陈设器物的细节刻画毫不马虎，显然在此浮雕中国王身上配饰的缺失不是创作者的疏忽，而是对现实情况的真实反映，是国王有意而为之。

笔者认为，由于古埃及的生产力水平和物质条件所限，常服与便服之间应尚无明显区分或区别不明显，国王在庄重场合主要通过附加在衣物上的配饰体现其身份

---

❶ P.A.Clayton, *Chronicle of the Pharaohs*, p.121.

❷ R.Lepsius, *Denkmäler aus Aegypten und Aethiopien*, Vol.3, pl.190.

的独特。在日常生活中，这些配饰由于分量沉重或妨碍行动而被束之高阁。

三、戎装

军事职能是古埃及国王最重要的职能之一，在古埃及各种各样的战争叙事当中，国王常常是御驾亲征。而且，国王也经常在自己的神庙中通过壁画雕刻等作品展示其在战争中的英勇，甚至如图坦卡蒙等一些从未上过战场的国王也乐意以此方式进行"虚假宣传"。特别是在今卢克索，亦即新王国时期的都城底比斯，现存神庙的墙壁上有大量描述战争场景的浮雕遗存。

在古王国时期与中王国时期遗存的宫庙建筑当中，现存的地上建筑多以金字塔为主，其配套设施的墙壁残存较少，可资利用的浮雕也相应较少。因此，为研究此时国王的戎装，可利用的图像史料多为矿山、商道等野外环境下的岩刻壁画，以及一些其他类型的器物。著名的纳尔迈调色板即描绘了古埃及第一位国王在古埃及首次实现统一时的装束，纳尔迈身着一款长度略微超过裆部的短围裙，斜挎一件披肩，腹部悬挂着狩猎与作战时佩戴的饰物，后腰处悬挂牛尾状饰物。国王周围的侍从和仪仗均只穿着一条简单的围裙，敌人则只有一条兜裆布。

从新王国时期开始，古埃及人掌握了战车的制造和驾驶技术。古埃及军队在这一时期的战术以轻战车的快速突袭为主。一旦突袭未果，敌人撤至有城墙的地方据守，古埃及人由于不擅于制作攻城器械，只能靠长期围困并破坏其农田或收割其庄稼，待城中敌人因粮尽援绝而自行投降。因此，新王国时期较著名的战例如美吉多之战、卡叠什之战等均始于突袭作战。这样的战术决定了古埃及的战甲和战车均追求轻便。在卡纳克神庙的浮雕中，国王在参加战斗时往往站立在轻型战车中，用弓箭向敌人射击。

描绘战争场景的浮雕作品尽管对细节的刻画颇为细致，但似乎有意回避对国王铠甲的刻画。而且，在这类图像中，国王往往被描绘成头戴蓝王冠的形象，因而导致蓝王冠一度被某些学者称为"战冠"。但在某些表现国王击敌题材的图案中，国王又被刻画为身着铠甲的模样。以拉美西斯二世在阿布辛贝勒的浮雕为例（图2-5），国王上半身穿着一件鳞甲，鳞片可能以金属、皮革乃至彩色布料制成，彼此叠合拼接成鹰翼的形状，环抱着国王的前胸，以象征鹰神荷鲁斯对国王的庇护。国王还在腰间悬挂着箭囊，下身则仍为古王国时期的御用围裙。但笔者认为，古王国时期的御用围裙在这时已经不再真实穿用，而战争场景当中国王的下半身又大多被战车车厢的壁板所遮挡，因此难以判断国王在战场上究竟如何穿着。另外，国王对面的太阳神拉－赫拉克提（Re-Horakhty）所穿的鳞甲与图坦卡蒙墓出土的鳞甲颇为类似，尽管后者已经丧失了实用功能而变为葬礼用品，但其历史原型应该早在"金字塔文"成文的古王国时期即已出现。

图 2-5　拉美西斯二世击敌

四、塞德节长袍

除了上述较为常见的服装，古埃及国王还会在塞德节（Hb-sd）庆典这一特定场合穿着一种特殊的长袍。

塞德节无疑在埃及文字诞生之前就已经存在，以致今人无从断定 sd 一词的词源以及最初的确切含义。但塞德节不同于宗教节庆或民俗节庆，其因具有极其强烈的政治意图而在古埃及政治生活中占有极其重要的地位。塞德节应该是与王权一同出现在古埃及，并通过纳尔迈庆祝其统一古埃及的仪式而确定了塞德节庆典的基本模式，但在古埃及的历史中历经变迁。❶

由于塞德节意义重大，在古埃及的国王当中也只有少数人庆祝过该节庆，因而留存至今的史料极少，以致今人对该节庆的流程知之甚少。然而，早在古王国时期，国王就开始在这一特殊节庆的某些环节当中，身穿一款特殊的长袍并端坐在专门为此节庆搭建的凉亭里。根据图 2-6 所示的浮雕与石像形态来看，塞德节长袍与其称为长袍，不如说更接近于披风，而且布料应该较为厚实挺括，因而肩头部位能

❶ 郭子林：《古埃及的塞德节与王权》，《世界历史》2013 年第 1 期，第 112 页。

高高竖起。袍子的长度到膝盖部位，难以判断是否有袖子，尤其右侧雕像的细部表明长袍为对襟，边缘有花纹，但无从判断袍子实物是否也有花边，而且也无从判断古人是否借助系带或纽扣使对襟闭合（图2-6）。

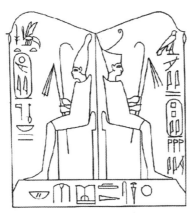

图 2-6　第六王朝的塞德节浮雕（左图）与第十八王朝的塞德节石像（右图）

五、冠冕

在古今中外的许多文明里，冠冕往往是统治者的重要配饰，象征国王独特的身份地位。这些古代君主所拥有的冠冕数量不一，材质与样式既有共同之处，又各有特色。各国的冠冕往往随着时间推移而经历了由简到繁的发展历程，不仅材料越发奢华，款式也越来越复杂。古埃及国王所佩戴的王冠与其他文明的王冠具有诸多相似之处，但某些独特之处也非常显著，并体现了古埃及文明的独特。但今人在研究古埃及王冠时面临一个巨大的难题，即在古埃及的各种国王肖像当中，王冠的种类在几种基本形式上呈现出成百上千种变种，但保存至今的王冠实物只有区区几件，分别是第十七王朝国王因特夫六世（Intef VI，约公元前1580—前1550年）的一顶银冠，第十八王朝国王图坦卡蒙墓中出土的两顶布帽和一顶金冠。实物与图像史料之间存在巨大的数量差距，尤其是那些形式复杂的王冠仅见于国王的画像与浮雕，而立体雕像当中的国王只佩戴基本样式的王冠，这使人不禁怀疑平面图像史料中结构复杂的王冠是否曾经真实存在。

古埃及的王冠可大致分为八个基本类型，各基本类型不仅可作为配件附着于其他基本类型，还可搭配飘带以及象征各种神灵的饰物相搭配，从而呈现出千变万化的姿态。在古埃及，冠冕是神和国王的专利，臣民的头顶上极少佩戴假发或战盔以外的饰物。在加德纳编撰的字符表中，S 类字符中有 10 个为各种冠冕，在一定程度上反映了冠冕在其文化中的重要性。这些字符如图 2-7 所示。

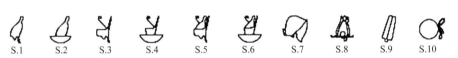

图 2-7　加德纳字符表 S.1 ~ S.10 号字符

　　这 10 个字符均可单独构词，S.1 ~ S.6 号属于同一个基本类型，其中 S.1、S.3、S.5 号分别读作 HD.t、dSr.t 和 sxm.ty，本书将其分别翻译为白王冠、红王冠和红白复合王冠。S.2、S.4、S.6 号字符分别是 S.1、S.3、S.5 号字符的异体变体，用法与本字相同，只是在本字的下方增加了表示"主人"的符号，以示佩戴者是整个古埃及王国的主人。S.7 ~ S.10 号分别读作 xprS、Atf、Swty 和 wAHw，本书分别翻译为蓝王冠、阿特夫冠、双羽冠和头环。

　　第一个基本类型包括白王冠、红王冠以及两者构成的红白复合王冠。三种王冠在古埃及的文献中分别称作 HD.t、dSr.t 和 sxm.ty，前两者分别源自名词"白色"和"红色"，后者源于动词 sxm "结合"，显然意指其由红王冠与白王冠复合而成，而且 sxmty 一词在古埃及文献中出现的次数远多于其他各种类型的王冠。

　　古埃及人以古都孟菲斯为界把古埃及分为南北两部分。南方即尼罗河在埃及境内区段的上游，古埃及人称为 Sma.w，本意为"亚麻地"，又称之为 tA-rsy.t，即"南国"，今天称为上埃及；北方即尼罗河三角洲，古埃及人称为 mH.w 或 tA-mH.w，意为"北方"或"北国"，今天称为下埃及。

　　白王冠和红王冠在彩绘作品中分别被表现为白色和红色，由于两者均无实物存世，今人只能凭借彩绘的图像史料推测其材质。白王冠如 S.1 号字符所示，应该由皮革、毛毡或亚麻布制成，并漂白或染成白色。形状为卵形，上部收窄，顶端有一个球状的突起。一些白王冠的额头部位可能还会装饰有眼镜蛇雕饰，是古埃及国王的保护神。❶ 红王冠则应该以毛毡制成 ❷，底部呈倒梯形，平顶，后部高耸，冠前还有一支竖立的并螺旋卷曲的须 ❸。但美国人 W. C. 海耶斯（W. C. Hayes）指出在第三王朝国王佐塞尔的肖像中，红王冠的表面有竖直的纹理，因此推测最早的红王冠可

❶ P.J.Watson, *Costume of Ancient Egypt*, New York: Chelsea House Publishers, 1987, p.35.

❷ A.Abubakr, *Untersuchungen für die Altägyptischen Kronen*, Glückstadt: J.J.Augustin, 1937, p.25, p.50.

❸ 同 ❶, p.36.

能以芦苇秆编织而成。❶此说法具有相当的合理性，因为同样在佐塞尔王的金字塔建筑群中，当远古工匠把加工木料的技术用于加工石材时，在石头立柱与横梁上也模仿了木料的纹理。双冠即白王冠和红王冠的组合，通常白王冠在内、红王冠在外，因此也能推测红王冠顶部应为空心。红白复合王冠除了作为王冠，作为王权守护者的荷鲁斯神也常常佩戴此头冠。白王冠、红王冠和红白复合王冠均高高耸立，但没有下颚带，佩戴时应该难以固定。因此，这类王冠应该只用于特定场合，例如登基仪式、塞德节以及各种宗教祭祀活动。

　　早在古埃及出现统一政权之前，白王冠和红王冠就已存在于不同的地方政权，在反映古埃及统一的重要史料纳尔迈调色板中，国王纳尔迈在调色板的正反两面分别佩戴了这两种王冠，一方面应表明纳尔迈同时继承了上述两个地方政权的王统，另一方面也表明两个地方政权向一个统一国家的整合才刚刚开始，纳尔迈在两个政权过去各自的辖区行使王权时仍需佩戴相应的王冠。现有史料当中最早的红白复合王冠出现略晚，见于第一王朝中期国王登的一枚象牙铭牌，但在此后的整个国王时代，前两种王冠并未被红白复合王冠取代，三种王冠始终并行不悖。❷

　　由于出现年代最早，这一类王冠还被赋予了浓厚的神话色彩，曾有一首对王冠的赞美诗称白王冠与红王冠分别是鹰神荷鲁斯的双眼❸。出于同一原因，在此后漫长的历史当中，古埃及人又赋予了这类王冠各种各样的称谓与寓意。在古王国时期"金字塔文"的第555颂，红王冠曾被称为wAD.t❹，结合该句称国王由下埃及的布托（Buto）启程去面见以太阳神为首的九神，而布托正是护佑王权的眼镜蛇女神瓦捷特（Wadjet）的崇拜中心，因此这一称谓体现了红王冠、下埃及以及王冠上的眼镜蛇之间的联系。而在"金字塔文"的第473颂等处，红王冠与白王冠分别被称为wr.t与wrr.t❺，两者均源于wr"大"但拼写略有不同，可能强调白王冠的地位高于红王冠，两者或可分别翻译为"大冠"。在中王国时期，两种王冠又分别被赋予Sma.s和mHw.s❻的称谓，两种称谓直接来自上埃及与下埃及的称呼Sma与mHw，这表

❶ W.C.Hayes, *The Scepter of Egypt*, New York: Metropolitan Museum of Art, 1953, Vol.1, pp.59-60.

❷ K.Goebs, "Crown" in D.B.Redford（ed.）, *The Oxford Encyclopedia of Ancient Egypt*, Vol.1, Oxford: Oxford University Press, 2001, pp.322-326.

❸ A.Erman, *Hymnen an das Diadem der Pharaonen*, Berlin: Akademie der Wissenschaften zu Berlin, 1911, p.11-30.

❹ K.Sethe, *Die altägyptischen Pyramidtexte*, 2 vols., Hildesheim: Georg Olms, 1960, p.1374.

❺ 同❹, p.910.

❻ Adolf Erman、Hermann Grapow eds., *Wörterbuch der Aegyptischen Sprache*, Vol.2, p.125；Vol.4, p.476.

明当时这两种王冠仍然与地域具有紧密联系。

在古王国时期和中王国时期，三种王冠均未经历明显变化。从新王国时期的第十八王朝开始，红白复合王冠开始出现显著变化，一方面是作为配件附加于黄王冠或环形王冠，另一方面其自身也被附加了样式与数量均比较繁多的配饰。红王冠此时也经常被添加各种配饰，但自身并不作为配件附加于其他王冠。而在努比亚人建立的第二十五王朝，此时的白王冠和红王冠也有非常鲜明的特点，其一是两种王冠额头部位的眼镜蛇饰物由一个增加为两个，其二是红王冠还与奥西里斯神的阿特夫冠组成复合王冠并附加了象征克努姆神（Khnum）的公羊角。克努姆神被古埃及人视为尼罗河第一瀑布的保护神，亦即古埃及与努比亚的天然疆界的保护神，克努姆的起源可以追溯到古埃及早期的神话传统。根据古埃及的文献传说，他是从混沌的水中创造出的，通常与努比亚的尼罗河源头相联系。他被认为是大地的塑造者，负责用泥土塑造人类和动物的身体。他的创造过程常常被描述为在陶土轮上工作，这与古埃及的工艺和手工艺密切相关。克努姆被视为创造与繁衍的神。他不仅创造了人类，还掌管着生命之水，象征着再生与丰饶。在古埃及的信仰中，克努姆与生育密切相关，许多信徒在希望生育时会向他祈求。此外，他也被认为是尼罗河的守护者，因其水源对农业和生计至关重要。克努姆的崇拜在古埃及各地广泛流行，特别是在上埃及的城市如埃德夫和赫尔莫波利斯。他的神庙通常建在河边，象征着他与水的关系。在祭祀中时，祭司们会举行各种仪式，以求得神的保佑和庇护。常见的祭品包括牛、羊等牲畜，象征着丰饶与生命。在艺术作品中，克努姆的形象通常是人身羊头，象征着他的神性和与自然的联系。羊在古埃及被视为神圣的动物，代表着温和与繁荣。在壁画和雕塑中，克努姆常常被描绘为站在陶土轮上，手中捏着人类和动物的形象，展现出他作为创造者的身份。而添加公羊角的行为也寓意着该王朝统治者系出身于努比亚的黑人。

综上所述，白王冠、红王冠与红白复合王冠由于与古埃及国家的诞生联系在一起而具有重大的政治意义。由于早在古埃及出现统一政权之前，白王冠与红王冠已出现于古埃及的不同区域，当古埃及统一之后，两种王冠分别代表着上埃及的王权与下埃及的王权，两者组成的红白复合王冠则代表整个古埃及的王权。从新王国时期开始，红白复合王冠可以作为配件附加于其他王冠，而白王冠与红王冠从未被单独用作其他王冠为配件。这表明，当红白复合王冠用作配件时，承载着国家统一的象征意义。此时的古埃及虽然在行政区划上仍维持着上埃及与下埃及的建制，但在此时的王权观念中，古埃及作为一个统一国家却是不可分割的。白王冠与红王冠显然不能替代红白复合王冠承担这一功能。

第二个基本类型为黄王冠，不见于加德纳所整理的字符表。但由于此物可能早在第一王朝时即已出现，例如国王登的象牙铭牌即刻画了国王佩戴这种王冠打击敌人的模样，因此其最初应当是国王在非正式场合所佩戴，不及前一类型具有崇高的象征意义。古人称这种王冠为nms，因此国内的著述有时将其音译为"尼美斯"或类似的名目。其同样无实物存世，但根据各种彩绘图案判断，其为黄蓝相间的头巾；Nemes头巾的设计通常由两部分组成：前面是平展的部分，称为"头巾"；后面则是垂下的部分，称为"披肩"。Nemes头巾的颜色和图案各异，最常见的颜色是蓝色和金色，象征着法老的神圣与尊贵。制作Nemes头巾的材料多样，通常使用亚麻布或丝绸等轻便且透气的织物。在制作过程中，工匠会采用复杂的染色和缝制技术，使头巾呈现出丰富的视觉效果。在一些高档的Nemes头巾上，甚至会加入宝石或金丝等奢华装饰，进一步突显其尊贵性。Nemes头巾的佩戴方式非常讲究。法老通常会将头巾紧紧包裹在头部，以确保它的稳固。头巾的设计使法老在进行各种仪式和活动时，能保持庄严的形象。在一些壁画中，可以看到法老在战斗、祭祀和其他重要场合中佩戴Nemes头巾的情景。

Nemes头巾在古埃及文化中具有丰富的象征意义。首先，它象征着法老的权威与统治地位。作为古埃及最高统治者，法老需要通过外在的符号来展示自己的神圣性和权力，而Nemes头巾恰好扮演了这一角色。其次，Nemes头巾与古埃及的宗教信仰密切相关。在古埃及信仰中，法老不仅是世俗的统治者，还是神灵的代表。因此，Nemes头巾也被视为连接人间与神界的桥梁，象征着法老作为神的代言人的身份。此外，Nemes头巾的形象在古埃及的许多神话和仪式中都得到了体现。在一些祭祀仪式中，佩戴Nemes头巾的法老会被视为神圣的存在，其行为和决策被视为神的意志。著名的狮身人面像以及图坦卡蒙的黄金面具都反映了这种王冠的样式，因此其也成为古埃及文化的标志之一。由于其额头部位也有眼镜蛇饰物，佩戴之后给人造成的观感正仿佛一条眼镜蛇正挺立起来伺机攻击，给人威严肃穆的感觉。

第三个基本类型是蓝王冠，如S.7号字符所示。蓝王冠因通体蓝色而得名，其在古埃及文献中被称为xprS，但词源不明。xprS一词虽在文献中出现较少，但在新王国时期的国王肖像当中，蓝王冠尤其常见。蓝王冠下沿窄小，向上逐渐延伸扩大，并通常在额头部位加装眼镜蛇饰物。由于无实物存世，德国人F.冯·比辛（F. von Bissing）曾认为其为一种假发或者不曾真实存在❶，但在一些做工较精细的雕像中，蓝王冠的表面密布着如中国古代铜钱大小的环形纹理，其更可能以皮

❶ F.von Bissing, *Casque ou Perruque, Recueil de travaux*, Vol.1907（29）, p.160.

革制成，而后镶嵌了宝石或贵金属。此外，蓝王冠的两侧分别有一条长的飘带从后面垂下来❶。

关于蓝王冠的起源，德国学者G.施泰因多夫（G. Steindorff）将其称为"战冠"（war crown），认为其源于国王在战场上所佩戴的头盔。❷然而，英国学者戴维斯发现早在新王国时期之前就已存在一种名为xprS的王冠。在卡纳克神庙的一块第二中间期的石碑上，便描绘了国王孟图霍特普三世（Neferhotep Ⅲ，在位于约公元前17世纪晚期）处死外国入侵者和本国叛徒的情景，并注有文字"（国王）戴着xprS出现"（xpr m xprS），蓝王冠即由此演化而成。❸到第十八王朝初期，蓝王冠不仅出现频率更高，形制也越发接近其后来被人们所熟知的形制。此时王冠顶部折角的处理仍显得颇为硬朗，不似后来的蓝王冠的线条自然流畅。但随着古埃及国家的再次统一与国力提升，到该王朝第二位国王阿蒙霍特普二世在位时，其形制已经大体固定下来。❹而且，正是由于当时战争活动较为频繁，致使一些学者认为蓝王冠最初的实用功能与战争存在必然联系。

戴维斯虽未能找出这种王冠最初的实际功能，但已确定其在新王国时期承载着象征王位正统性的重要功能。❺每当国王佩戴蓝王冠的时候，通常在衣物的搭配上也会更加考究。此时国王一般会穿着精致的长围裙、束腰外衣或者其他遮住胸部的衣物，同时还要佩戴很宽的项圈❻。事实上，其他神庙中的考古证据也表明蓝王冠曾在宗教仪式和私人场合中被佩戴过，并非只用于战争。❼它可能也与古埃及国王继承存在一定的关系，有足够的证据证明，蓝王冠也作为一种加冕的象征而存在，象征继承统治权的合法性❽。如果把蓝王冠雏形时的王室头巾和第二中间期动荡的社会环境相联系，很可能得出的结论是，这种王室头巾与王权的稳固或许存在一些联系。当国王向神供奉祭品时，特别是向载有众神的圣船献祭的时候，总是佩戴蓝

❶ K.Goebs, "Crown" in D.B.Redford（ed.），*The Oxford Encyclopedia of Ancient Egypt*, Vol.1, Oxford: Oxford University Press, 2001, p.324.

❷ G.Steindorff, *Die blaue Königskrone, Zeitschrift für Ägyptische Sprache und Altertumskunde*, 1917（53），p.60.

❸ W.V.Davies, *The Origin of the Blue Crown, Journal of Egyptian Archaeology*, 1982（68），pp.69-76.

❹ T.Hardwick, *The Iconography of the Blue Crown in the New Kingdom, Journal of Egyptian Archaeology*, 2003（89），p.117.

❺ 同❸, pp.69-76.

❻ 同❹, p.119.

❼ P.J.Watson, *Costume of Ancient Egypt*, p.36.

❽ 同❸, p.75.

王冠❶。

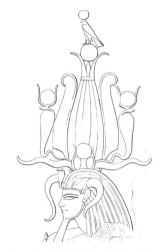

图 2-8 阿蒙霍特普二世的阿特夫冠

第四个基本类型是阿特夫冠（图 2-8），如 S.8 号字符所示。古埃及语写作 Atf。而且，其未被古埃及人赋予其他称谓，这一点和红王冠与白王冠有所不同。其外形如同一束扎起的苇草，两侧有两根平行的巨大的羽毛，据推测为鸵鸟羽毛。在现有史料当中，阿特夫冠最早见于第五王朝国王萨胡拉（Sahure，约公元前 2487—前 2475 年）的墓，而且是以复合王冠的形式出现，整个王冠以环形王冠、阿特夫冠、公羊角和牛角复合而成。❷ 新王国时期的阿特夫冠在形式上尤为繁复，以下图阿蒙霍特普二世的肖像为例，阿特夫冠的顶端附加有太阳，太阳之上又有一只头顶太阳的鹰，即拉—赫拉克提神，底端附加有公羊角，两只角的连接处还有一个太阳，两侧双羽外侧还附加有眼镜蛇女神，整个阿特夫冠又附加于带有牛角的黄王冠之上 ❸。

阿特夫冠与奥西里斯神话具有密切关联。当阿特夫冠出现在国王肖像当中时，为国王送葬的姆乌舞者（mww）所戴的头冠与阿特夫冠相类似，只是缺少两侧的羽毛，而姆乌舞的内容正与国王在冥界的重生有关。❹ 埃及学者阿布·伯克尔认为，阿特夫冠与奥西里斯神的头冠，亦即白王冠与双羽冠结合的产物，鉴于两种冠的外形相似又都与奥西里斯神话密切相关，其可视为同一种冠的不同形式 ❺。无论如何，阿特夫冠与奥西里斯神话的强烈联系导致这种王冠多见于墓室等场合，喻示国王在壁画与浮雕制作完成之时已经离世，而且阿特夫冠繁复的造型也注定其不大可能被用于现实生活当中。

S.9 号字符表现了神佩戴的头冠，被今人称为双羽冠，是古埃及另一大主神阿蒙神所戴的头冠。

S.10 号字符为一种头环，此字符也常被指代花冠。古埃及成年男性或佩戴假

❶ T.Hardwick, *The Iconography of the Blue Crown in the New Kingdom*, pp.117-118.

❷ L.Borchardt, *Das Grabdenkmal des Königs Sahure*, Leipzig: J.C.Hinrichs, 1910, Vol.2, p.38.

❸ R.Lepsius, *Denkmäler aus Aegypten und Aethiopien*, Vol.3, p.63.

❹ H.Altenmüller, "Muu", in W.Helck eds., *Lexikon der Ägyptologie*, Wiesbaden: Otto Harrasowitz, 1982, Vol.4, p.271.

❺ A.Abubakr, *Untersuchungen für die Altägyptischen Kronen*, p.18.

发，或留短发，或剃发，不佩戴任何形式的头巾或帽子。头环和花环仅见于女性或女神的肖像，但最晚从第十九王朝开始，一些国王肖像也佩戴头环。根据出土文物判断，地位较高的人所佩戴的头环以贵金属打造，但一般女性的头环则可能是以布带穿缀彩珠制成，甚至可能以鲜花编制而成。

六、其他配饰

古埃及国王的肖像多佩戴或手持花样繁多的配饰，其中一些是古埃及所特有。本书在此先简要概括古埃及与其他文明共有的配饰，而后逐一探讨古埃及特有的配饰，如假发与假胡须、国王前身硕大的三角体坠饰、国王身后的牛尾等。项圈、指环等珠宝首饰由于存世数量巨大，质地、样式、做工等问题太过复杂，本书仅在前章对其基本类型做简要概括，在此不展开介绍。

（一）鞋

在古埃及的文字记述中很少提及鞋子。古王国时期与中王国时期的图像史料中，古埃及的各个阶层，从国王到奴仆，很少有人穿鞋。纵观开罗博物馆所藏780块中王国时期的石碑，只有在编号为CG 20466～CG 20469的4块碑中，主人公脚踩或手提着凉鞋。❶直到新王国时期的文献中，对鞋子描述的文字才开始出现在坟墓壁画中，而且这种出现显得比较突兀。与古埃及服饰的发展相比，古埃及人的鞋子较少变化，并且不会因为性别的不同而存在差异。古王国和中王国时期，即使是最上层的男性也只是在他们需要出门时才会穿鞋，并让随从帮他们拿鞋子。新王国时期，古埃及的上层阶级开始较频繁地穿鞋子，但是鞋子仍然不是一种必需品，并且在面见长官的时候尤其禁止穿鞋。

古埃及人的鞋子一般由木头、皮革、纸草和棕榈叶制作，当由纸草制作的时候，鞋底上一般会有填充物，防止磨脚，这种鞋子大部分为凉鞋，由两部分构成——脚型的鞋底和鞋带，鞋带由三根带子构成，其中的一根一头系在鞋底的前部，穿过大拇趾和脚二趾，另外一根带子的一头绑在鞋底后部三分之一处，另外一头向前延伸，在这跟带子的中间部分和第一根在脚背上绑在一起，有时候为了穿起来舒服，古埃及人会把这种带子做得很宽。这种鞋子在夏天可以防止人的脚被炙热的沙子烫伤，鞋子上方的几根带子的设计，又可以保证足部的散热，从而保持脚部

---

❶ H.O.Lange、H.Schafer, *Grab-und Denksteine des Mittleren Reichs*, Berlin: Reichsdruckerei, 1902, Vol.4, Pl.LⅩⅩⅩⅥ.

的凉爽。

国王与官僚贵族的鞋子有时有漂亮的饰物。古埃及人大多在鞋子的带子上缝上各种金属制作的鞋扣，甚至在鞋底上嵌入珍贵的宝石。有些古埃及人的鞋子的前部翘起，这可能是防止穿鞋的人在走路的过程中沙子进入鞋内。国王图坦卡蒙的坟墓中出土了几双古埃及保存最完整的鞋子。有的拖鞋以纯金打造鞋底和鞋梁，似乎并不具备实用意义。但有一双鞋的鞋底为乌木材质，鞋面镶嵌有宝石，尤其是鞋底接触足底一侧以贴金镂花工艺描绘了古埃及的主要敌人，国王穿上这双鞋就寓意着征服，国王能长期地将他的敌人踩在脚下。

制作材料决定了这种鞋子的质量，所以在穿这种鞋子的时候必须非常小心。在许多图像史料中，人物在行走过程中往往赤足，并由随从将鞋子拎在手里，只有在到达目的地以后才将其穿上。

（二）假发与假胡须

古埃及人认为蓄长发是不洁的。即使是最富裕的阶层也大多把他们的头发刮光，甚至妇女也大多保留很短的头发，希罗多德曾说古埃及人从很年轻时就把头发刮掉，只有在哀悼逝者的时候才会留长发。但是从古埃及人的雕像中我们经常可以看到他们假发下方露出的一撮真实的头发，所以他们或许只是把头发剪得很短。唯一的例外是"埃及的牧羊人，他们大多把他们的头发留长，但是这通常被认为是不洁的"❶，是地位低下的象征。

埃及日照比较强烈，且天气炎热，所以古埃及的国王与官僚贵族为了防止晒伤和保持凉爽，经常佩戴假发。假发不仅可以保护头部，还能起到一定的装饰作用，同时假发也是一种身份的象征。这种假发通常情况下由专业的假发制作师或者理发师来制作，假发的骨架是由植物纤维编制而成，其形状与瓜皮帽的碗状类似，制作材料大部分为人类的头发和羊毛，少量的由植物纤维制作，例如亚麻纤维、棕榈树纤维等。这种假发大部分呈黑色，但是也存在少数其他颜色假发，新王国时期王后奈菲尔提提被描绘成戴着深蓝色假发的形象，还有一些节日的假发镶嵌有金边或者覆盖有金箔。

古王国时期流行一种相对短的中分假发，一般不会长于肩膀。在佩戴方式上男女存在差别。这一时期的男性一般会把头发掖在耳朵之后，而女性则大多用假发遮住耳朵，头发自然延伸到脸颊。这种假发发型在产生之初，只有贵族和国王地位较

❶ B.M.C., *The Dress of the Ancient Egyptians: I In the Old and Middle Kingdoms, Bulletin of the Metropolitan Museum of Art*, vol.11, 1916（8）, p.168.

古埃及服饰研究

高的家臣使用，但是到第五王朝时，工人、牧羊人和仆人都开始使用这种类型的假发❶。古王国时期还有一种比较流行的男性发型，这种发型由一些正方形或者三角形的小撮头发呈鱼鳞状排列，在发际线处，裁剪成一条直线并且和额头的弧度保持一致，整体像一顶帽子一样遮住穿戴人的耳朵。为了展示自己身份的尊贵，古埃及贵族通常在坟墓的多个雕像中雕刻不同的假发发型。

到了中王国时期，假发的形式发生变化，在古王国假发的基础上去掉了中分，有些甚至还延长了假发的长度，把假发的一部分梳向前方，披在肩膀前部。但是，这一时期的假发大多比较短，并且边角大多呈直角形❷。考古学家在代尔巴赫里曾发现这一时期的一座假发作坊，其应该隶属于第十一王朝国王孟图霍特普在当地建造的葬祭庙。在这间作坊出土了四件雪花石膏制作的花瓶，其中装有很多簇用绳子或者纤维绑着的用于制作假发的头发、一件制作假发的骨架所需要的网……五根骨针、一个锥子、两个燧石刀的碎片。最重要的是考古学家在此发现了一个制作假发框架的模型头，还有纺织品、皮革等物品的碎片❸，这些物品说明古埃及假发制作已经专业化了，可能存在专门的假发制作场所和专门的假发制作工匠。为了把假发固定牢固或者遇到特殊的场合，古埃及人佩戴假发时会戴着一块头巾，这就使头部装饰更加烦琐。

至于剃须，前王朝时期的古埃及人尚无此习惯。但当建立统一王朝之后，古埃及人便开始剃须。制作剃刀的材料，最开始时是石刀，而后改用铜刀，青铜在中王国时期才逐渐成为制作剃刀的主要材料。❹

然而古埃及人又认为胡子是身份的象征，也是他们男子汉气质的表现，于是开始佩戴一种很短的假胡子。在古埃及只有国王和王室成员才可以佩戴这种胡子，这是一种王室特权，但是古王国时期的很多高官也会如此佩戴，这可能是一种对王室权力的僭越。从中王国时期开始，古埃及的其他王室人员也开始在他的下巴上佩戴这种胡子，以展示自己的高贵❺。在古王国时期和中王国时期这种假胡子很流行，新王国时期以后这种假胡子很少见到，似乎仅用于特定的仪式❻。

---

❶ Adolf Erman, Translated by H.M.Tirard, *Life in Ancient Egypt*, p.220.

❷ Francois Boucher, *20000 Years of Fashion: the History of Costume and Personal Adornment*, New York: Happy N.Abrams, Inc Press, 1967, p.95.

❸ Eugen Strouhal, *Life of the Ancient Egyptians*, Liverpool: Liverpool University Press, 1996, p.85.

❹ 同❸, p.84.

❺ B.M.Carter, *The Dress of the Ancient Egyptians: I In the Old and Middle Kingdoms*, p.168.

❻ 同❶, p.226.

（三）三角形配饰

三角形配饰最早的例证可能是哈玛玛特干谷（Wadi Hammamat）的一处岩刻浮雕。哈玛玛特干谷是位于埃及东部的一条干燥山谷，连接尼罗河谷与红海地区，地理位置十分重要。这条山谷因其丰富的矿藏和历史悠久的贸易路线而闻名，尤其是其供应的优质砂岩和石材。哈玛玛特干谷是一个狭长的干谷，周围被高耸的山脉环绕。该地区的干燥气候和极少的降水使得山谷内的水源相对稀缺。尽管如此，其地形和地质特征使其成为古埃及人活动的重要场所。哈玛玛特干谷以其丰富的石材和矿藏而著称，尤其是花岗岩和砂岩。这些石材在古埃及建筑中被广泛使用，包括神庙、金字塔和雕塑。此外，该地区还出产矿物，如石膏和其他用于建筑和装饰的材料。在古埃及时期，哈玛玛特干谷是连接尼罗河和红海的重要贸易通道。商队通过这条路线将石材和矿藏运送到各地，促进了古埃及经济的繁荣。许多法老和贵族在此开展采石活动，以获取建筑所需的材料。哈玛玛特干谷还以其岩石雕刻和古代铭文而闻名，这些铭文记录了古埃及的历史、宗教和文化。这些遗迹为研究古埃及文明提供了宝贵的资料，展示了古代人类的艺术和信仰。

而第六王朝国王佩皮一世在哈玛玛特干谷遗存的肖像虽只有大致的轮廓线，但显然佩带有三角形配饰。这类配饰应源于古王国时期高级官员的配饰，后被移植到国王的服饰当中。此后，该配饰在国王肖像中被一直沿用至埃及沦为罗马帝国行省的时代。在菲莱岛（Philae）罗马神庙的南墙，罗马帝国皇帝图拉真（Trajan，98—117年在位）的肖像清晰无误地配有这种三角形配饰❶，在埃斯纳（Esna）的一座时代更晚的神庙中，罗马帝国皇帝德基乌斯（Decius，249—251年在位）的肖像虽然仅是剪影，缺少对细节的刻画，但围裙下侧锐利的三角形表明其仍配有三角形配饰。❷但其中一些罗马帝国皇帝实际上从未到访埃及。

这类配饰目前无实物存世，在立体造像中也较少见，但在浮雕、壁画和石碑平面图案中则颇为常见。而且，新王国时期的大量彩绘壁画表明三角形面板为白色，而中央的眼镜蛇图案则为彩色，说明三角形配饰实际上由两个部件组成。其一是以亚麻布和硬质边框制成的立体结构。另一个部件则是以宝石和贵金属串成的眼镜蛇饰物。而且，有大量彩绘壁画表明，布质三角形配饰与眼镜蛇饰物不必同时穿戴，尤其眼镜蛇饰物可与其他衣物搭配。而在雕像史料中尤其以开

❶ R.Lepsius, *Denkmäler aus Aegypten und Aethiopien*, Berlin: Nicolaische Buchhandlung, 1849–1859, Vol.4, pl.84.

❷ 同❶, pl.90.

罗博物馆所藏CG 42083号雕像最为重要（图2-9），尽管该雕像有相当程度破损，但对三角形配饰背面的细节有更多的刻画。该雕像明确表明三角形配饰实际上是一个角锥体形状的立体结构。在其他雕像中，角锥体的轮廓笔直，说明其拥有较为坚硬的边框，并由大腿通过一个马鞍状结构提供支撑。三角形配饰的总体重量有限，佩戴时将较柔软的上角用腰带系住，露出部分一律向右自然下垂。

图2-9　开罗博物馆藏 CG 42083 号雕像局部

　　中王国时期关于国王御用三角形配饰的史料较少见。最主要的雕像类史料有两组。第一组出土于德·埃·巴哈利的孟图霍特普二世葬祭庙遗址，为第十二王朝国王辛努塞尔特三世（Senusret Ⅲ，约公元前1872—1853年在位）的三尊花岗岩立像，即大英博物馆所藏684～686号藏品。这些雕像大小与真人相仿，原本在辛努塞尔特三世在此增建的柱廊中充当立柱❶。另一组出土于卡纳克神庙的一号庭院。昔日，在罗马帝国将基督教定为国教之后，卡纳克神庙中逐渐迁入许多住户，这些人为了拓展居住空间而将散布于神庙各处的雕像拆除并移至此处。20世纪初，法国考古人员曾经在此发掘出属于不同历史时期的800余尊人像、神像以及上万件其他文物❷。但其中只有八尊雕像中的国王显然佩戴了三角形配饰，其中又只有四尊属于中王国时期，并且全部属于第十二王朝国王阿蒙涅姆赫特三世（开罗博物馆CG 42014、CG 42015、CG 42016、CG 42020号）。除上述雕像外，另有少量浮雕、壁画类史料。根据上述史料判断，中王国时期的三角形配饰形式较为单一。其正面的三角形面板呈对称式设计，分别以左右两个下角为顶点将布料折叠出放射状纹理，再使两个部分在三角形面板的对称轴处汇和。

　　新王国时期关于国王御用三角形配饰的雕像类史料数量稀少，但浮雕、壁画等史料的数量则非常丰富。相关的雕像仅有四尊，分别属于第十八王朝国王阿蒙霍特普二世（同上CG 42074号）、阿蒙霍特普三世（同上CG 42083号）、图坦卡蒙（同

❶ E.Naville、H.Hall, *The XIth Dynasty Temple at Deir el-Bahari*, London: Egypt Exploration Fund, 1907, Vol.1, p.57.

❷ E.Feucht, "Cachette", in W.Helck and Eberhard Otto, *Lexikon der Ägyptologie*, Vol.1, p.893.

上 CG 42091 号）以及第十九王朝国王拉美西斯四世（同上 CG 42151 号）[1]。除去最后一尊外，其余雕像的质地均为花岗岩或石灰岩，大小与真人相仿。在这些雕像中，无论三角形面板，还是眼镜蛇坠饰，图案设计与中王国时期相比无显著变化。

　　然而，更多的史料表明，三角形面板与眼镜蛇坠饰的图案设计都存在一定的多样性。卡纳克神庙三号塔门南墙的浮雕表明，早在第十八王朝早期国王图特摩斯一世在位时，三角形面板就存在另一种款式，即布料仅以右侧下角为顶点制作出辐射状条纹并覆盖整个面板，但由于缺少雕像等更加立体的史料，笔者无从判断条纹是折叠而成，还是以彩线绣成。眼镜蛇坠饰的变化则略晚，应发生在第十九王朝。国王塞提一世墓中的浮雕出现一种新式的坠饰，眼镜蛇之间的梯形不再被水平分割成一个个格子，而是被竖直分割为一个个象征眼镜蛇的长条，而且长条的底边还被设计为眼镜蛇头部的图案[2]。另外，坠饰的顶端还配有数条长短不一的璎珞。麦地那工匠村十号墓的彩绘壁画表明，两条璎珞应分别以红色与蓝色布料为底，再缀以彩色宝石[3]。

　　这种三角形配饰并非日常穿着之用。在相关史料中，每当国王佩戴该配饰时，其互动对象总是众神，或者国王独自向神奉献供品。以麦地那特·哈布城（Medinet Habu）神庙的浮雕为例，即使主题同为国王拉美西斯三世向阿蒙拉神奉献玛阿特，国王的王冠可以是蓝王冠或黄王冠，下半身的穿着可以是半透明长围裙、斜边围裙或者搭配三角形配饰的短围裙[4]。在同一神庙同样以拉美西斯三世向阿蒙—拉献上焚香的浮雕中，国王的王冠可以是黄王冠或太阳神冠，下半身的穿着可以是半透明长围裙、搭配三角配饰的斜边围裙或搭配三角配饰的短围裙[5]。但在所有图案中新款式的眼镜蛇坠饰是必需之物。可见，王冠、围裙与三角形配饰的搭配并无一定之规。

　　另外，新王国时期的国王常在围裙前面以腰带悬挂一种梯形护裆，如图 2-10 所示。以图坦卡蒙墓出土的实物为例，其以金线穿缀各色宝石制成，通过斑驳的色彩模仿眼镜蛇鳞片的光泽。

[1] B.Porter、R.L.B.Moss, *Topographical Bibliography of Ancient Egyptian Hieroglyphic Texts, Reliefs, and Paintings*, Oxford: The Clarendon Press, 1972, Vol.2, pp.136-142.

[2] R.Lepsius, *Denkmäler aus Aegypten und Aethiopien*, Vol.3, pl.134.

[3] 壁画中的人物为第十八王朝国王阿蒙霍特普一世，由于壁画为私人创作，错误地以第十九王朝的服饰刻画了人物，图案参见：R.Lepsius, *Denkmäler aus Aegypten und Aethiopien*, Vol.3, pl.1.

[4] Epigraphic Survey, *Medinet Habu*, Chicago: The University of Chicago Press, 1929-1970, Vol.6, pp.374-376, 404；Vol.8, p.623.

[5] Epigraphic Survey, *Medinet Habu*, Vol.6, p.475；Vol.7, p.496；Vol.8, p.619.

（四）牛尾

牛尾状饰物在古埃及语中被称作mnkr.t。❶ 早在前王朝时期就已成为王权的象征，在著名的蝎王权标头中，蝎王就已佩戴这种饰物。起初，这种饰物可能是货真价实的牛尾，但后来变为编织而成的坠饰，蝎王权标头中的牛尾饰物也已经不是真正的牛尾。牛尾作为象征国王身份的重要饰物，可见于绝大多数国王肖像，无论是立像还是坐像。公牛在古埃及人的意识中是强壮和力量的象征，新王国时期大多数国王的荷鲁斯王衔均以"强壮的公牛"（kA nxt）作为第一个短语，可见公牛在国王的众多象征物当中占有重要地位。戴牛尾象征着古埃及国王像公牛一样强壮和善战。

图 2-10　图坦卡蒙墓出土的垂饰

（五）手杖及其他手持物

在古埃及壁画和雕像中，我们可以看到大部分古埃及国王手里会拿着一些东西，这种手持物很多，每一个都代表着特殊的意义。

钩子（HqA.t）和连枷（nxx）是古埃及王权和土地肥沃的象征，在一些重要的场合，比如朝堂和宗教仪式中，古埃及国王的两只手总是分别拿着钩子和连枷。它们是国王专属的东西，其他人的壁画和雕像不得出现这些东西。古埃及来世的国王奥西里斯双臂交叉在胸前，手里也拿着钩子和连枷，这表示古埃及国王死后与奥西里斯的结合。

钩子最初是牧羊人的工具，用于管理羊群，涅伽达时期，阿拜多斯（Abydos）最早出现钩子的形象。到前王朝时期，钩子已经被统治者用来作为权力和力量的象征。钩子一般为木质包金❷。

连枷出现于第一王朝，最早是分离谷物和秸秆的工具，通过抽打使谷物从秸秆脱落。在第二中间期之前，这两种工具很少同时出现。连枷的构造稍微复杂，它的握手呈镰刀型，在镰刀的刀头顶端，一般悬挂着三条带子，这种带子可能是由亚麻布条或者皮革制作，在这些带子上一般会系着很多的珠子，有时候在带子的下端会绑着流苏。

---

❶ A.Erman、H.Grapow eds., *Wörterbuch der Aegyptischen Sprache*, Vol.2, p.91.

❷ Philip J.Watson, *Costume Reference: Costume of Ancient Egypt*, New York: Chelsea House Publishers Press, 1987, p.37.

还有一种经常被古埃及国王拿在手里的饰物是权标，由一个刻画着各种场景的梨形标头和一根木棍构成，把木棍插进标头的凹槽中，就形成了国王的权标。在很多壁画中，国王一只手扯着敌人的头发，另一只手拿着权标头打向敌人，可能这种权标头，只存在于仪式之中，象征着国王的权力，是政治宣传的需要。在真正的战争中，国王不可能用如此笨重的东西作为武器。

第二节　贵族服饰

一、常服

在古埃及文明的黎明时刻，后世贵族服装的几大基本款式在纳尔迈调色板中均已经出现。在刻画纳尔迈出行仪仗的一面，有四人手擎旗杆，其中前两人身材略矮小，腰间缠着兜裆布，后两人身材略高大，身着一条从腰间直达大腿中部的围裙。由于古埃及的工匠未掌握透视法，人物的大小应该不是为了区分远近，而是体现人物的体型与年龄大小，因此围裙和兜裆布分别是成年人和未成年人的服装。在此四人与国王中间，另有一人肩披带斑点的上衣，加之此人肖像的尺寸也介于旗手与国王之间，说明其地位较高，因此斑点上衣应为后世身份极高贵的贵族与祭司所穿的豹皮披肩。可见，兜裆布、短围裙、豹皮披肩此时均已出现。

古王国时期的贵族围裙无实物存世，但图像史料对其多有呈现。在著名的大贵族梅腾（mTn）位于阿布西尔（Abusir）的墓葬中，墓主人在浮雕不同位置穿用过三种围裙（图2-11），表明当时的古埃及贵族已经开始借助服装区别其身份与职务。笔者以梅腾的浮雕为基础，把古王国时期的大臣围裙分为基础型、贵族型、职官型。另外梅腾还有一幅年老之后坐在供桌后面的肖像，此时的梅腾身材臃肿，身穿一件长至脚踝的长袍。描绘墓主人年迈之后模样的作品很罕见，但无疑表明当时的古埃及人在围裙之外有其他款式的衣物，而且这种长袍的形制可能与在塔尔罕出土的长袍实物一致。

基础型即是此时古埃及最为普遍的短围裙，长度从脐下至膝盖以上，无任何明显的装饰。基础型围裙的制作与穿着均非常简单，将一块素色亚麻布从后腰向前围拢，使布的左右两边在小腹处重叠，再以腰带将围裙固定即穿着完毕。出于透气和便于活动的需要，这种围裙在前往重叠的部分并不太多，当壁画中的人物呈蹲踞或

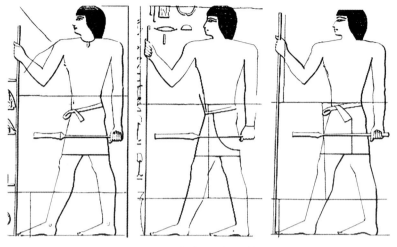

图 2-11　梅腾的三种围裙款式

者其他将两腿远远岔开的姿势时，围裙下端原本重叠的部分明显已经分开，形似今人所穿的短裤。基础型围裙的受众群体非常广泛，可能是这一时代除国王以外所有男性在日常生活中的便服。

贵族型围裙是古王国时期高级贵族在庄重场合的穿着。其形制可能是在基础型围裙的一侧增加了类似于国王御用围裙的褶皱。在吉萨地区（Giza）G2100号墓的彩绘壁画中，围裙褶皱部分被绘制为与御用围裙相同的黄色，凸显了穿着者身份的高贵身份❶。这一时代的立体造像表明，这种褶皱均出现在围裙的右侧。而在此时的平面造像中，这种褶皱虽大多也出现在围裙的右侧，但偶尔出现在左侧。这应归因于古埃及的绘画创作理念，绘画作为平面艺术不能将物体表面完整地呈现给观众，故只能表现其局部，但古埃及的画工为凸显物体的特征，而把本应被物体遮挡的一面调转至面向观众的一面。因此，画工在绘制穿着贵族围裙面向观众左侧站立的人物时，为避免人物右侧的褶皱被人物所遮挡，故将褶皱画到了人物的左侧，但在实际生活中可能从不存在这样的穿法。

在这一时代的墓室壁画中，墓主人身着贵族围裙的肖像多见于两种主题。第一种主题多位于墓门或假门的两侧。墓主人保持肃立的姿势，一只手中持有赛汉姆权杖（sxm）或长长的手杖，或者双手分别持有上述物品。墓主人的身旁或空无一人，或只有墓主人的子女，或者有少量仆从在奉献祭品。与之相配的铭文介绍了墓主人最重要的几个身份。另一种主题则是已经去世的墓主人坐在供桌前接受后人的

❶ R.Lepsius, *Denkmäler aus Aegypten und Aethiopien*, Vol.2, pl.19.

献祭。在描绘墓主人视察劳作的题材中，贵族型围裙较为罕见。由此可知，贵族型围裙并非高级贵族在履行职务时的衣着，而是被他们视为最体面的衣着，仅用于少数较为庄重的场合。但由于这一时代表现国王与大臣互动题材以及表现宗教节庆题材的图画较少，笔者难以为所谓的"庄重场合"的范围做一个界定。

职官型多见于墓主人视察劳作的场景。这种围裙正前方进行上浆处理，底边向前上方翘起。[1]同一墓室中有分别身着及膝围裙及过膝围裙的墓主人雕像出现，因此两种围裙应该是用于不同的场合或用途，但由于缺乏其他佐证材料，因此具体区别仍然无从考据。

除上述三种外，身份稍低的书吏在围裙前面还会加挂一块经过上浆处理的三角形垂摆，尽管这种垂摆看似不便于穿着者从事日常活动，但在各种贵族人物的肖像中颇为常见。曾有人认为，由于贵族成员大多是接受过教育并且具有读写能力，这种设计的初衷是为了使贵族在盘腿坐下之以之放置莎草纸并进行书写。[2]然而，在古王国时期的一些墓室浮雕当中，书吏即使在围裙上加挂了这种配饰也并不在书写时将其用作案子。但无论如何，随着时间推移，这种垂摆的装饰意义取代实用意义，成为书吏的身份象征。一些垂摆的长度甚至达到了胫骨乃至脚踝处，显然已丧失了其实际功用，而纯粹成了一种礼仪制度和身份象征。不难想见，这样的垂摆十分不便于日常活动，应该是用于仪式及典礼等重大场合。

中王国时期的贵族服饰延续了古王国时期的风格，仍是以围裙为主，但有一些细微的形制变化。首先，围裙的长度介于古王国时期的及膝围裙和过膝围裙之间，长度一般超过膝盖但未到脚踝，围裙绕身一圈并在正前方固定，重叠处稍微下垂，形成一个倒三角的形状。围裙的边缘处做流苏处理，但围裙整体无褶，呈简约朴素造型。

另外，在古王国时期专属于国王的围裙在中王国时期开始出现在贵族男性的身上。古王国的金字塔时代结束之后，古埃及进入了有悖于"玛阿特"的第一中间期。古埃及的第一中间期（约公元前2181—前2055年）是一个重要的历史时期，标志着古埃及中王国的衰落和一个相对动荡的时代。第一中间期的动荡大约持续了126年，是古王国和新王国之间的过渡阶段。在这一时期，古埃及社会、政治、经济和文化都经历了重大变化。

随着权力中心的转移和中央集权的瓦解，各地方的统治者逐渐崛起。古王国时

❶ 李当岐：《西洋服装史》，北京：高等教育出版社，2005年第2版。

❷ P.J.Watson, *Costume of Ancient Egypt*, pp.11–12.

期的统一局面被打破，导致了地方势力的兴起和国家的分裂。由于农业生产力的降低、气候变化、社会动荡以及政治腐败等因素，整个国家的稳定性受到威胁。在第一中间期，古埃及分裂为多个地方王国，最著名的包括赫尔莫波利斯、底比斯、孟菲斯。各地的统治者往往自称为法老，但缺乏中央集权的权威。底比斯成为南部的重要中心，而赫尔莫波利斯则在北部占据一席之地。地方势力的争夺导致频繁的战争和政变，社会动荡不安。而且第一中间期的经济状况较为严峻，农业受到严重影响，农业生产力下降，饥荒时有发生。社会结构也发生了变化，贵族阶层逐渐崛起，富裕的地方统治者利用自己的财富和资源建立起地方性的权力体系。与此同时，工匠和商人阶层逐渐壮大，经济活动逐步多元化；虽然政治上处于分裂状态，但文化和宗教却保持了一定的连续性，古埃及人依然崇拜传统的神灵，许多神庙和宗教仪式继续进行。这一时期的艺术风格也表现出地方特色，地方王国的雕塑和绘画风格有所不同，呈现出更加个性化的特点。同时，文献记录也有所增加，尤其是在神话、历史和文学方面，出现了一些重要的文本，第一中间期时就产生了许多带有教育意义的文学作品，也反映了人们对生活和死亡的思考。

　　由于经历了分裂、混乱的第一中间期，国王的威信大大降低，许多曾在古王国时期专属于王室的事物逐渐在略低于国王的几个阶层普及开来。因而，有学者称中王国时期为古埃及的"大众化时代"❶。例如在古王国时期，只有王室的金字塔中能刻写"金字塔文"，进入永恒世界是专属于王室的权利。❷然而到了中王国时期，"金字塔文"演变成了"棺木铭文"，只要是能负担得起棺木的阶层，都能享有铭文所带来的"魔力"，从而进入永恒世界。棺材里的每个可用空间都用来写文字，但写的内容因人而异。棺木上面通常描绘了一个人一生的插图、各种祭品的水平饰带、描述来世所需物品的垂直文字，以及灵魂应该如何旅行的说明。到古埃及新王国时期，对奥西里斯的崇拜变成了对伊西斯的崇拜，她作为奥西里斯复活背后的力量的作用得到了强调。古埃及"亡灵书"随后取代了"棺材铭文"，成为来世的指南。围裙的穿着人群即是在中王国这种社会背景下由王室延伸至贵族，只是贵族的围裙在剪裁与装饰等方面较之御用品要逊色一些。

　　中王国时期的贵族服饰搭配也更为多元，不再拘泥于一些所谓的固定搭配，甚至会有一些"叠穿"的现象。例如一些贵族会先穿一条围裙，再在围裙外面套上一条及胫骨的半透明的长围裙。上身的服饰也变得丰富多样，除了原有的项链、项

---

❶ A.Wilson, *The Burden of Egypt*, Chicago: The University of Chicago Press, 1951, pp.123–124.
❷ 黄庆娇，颜海英：《〈金字塔铭文〉与古埃及复活仪式》，《古代文明》2016年第4期，第2页。

圈和围巾，新增了披肩、斗篷等服饰类型❶，赤裸上身的情况较之古王国时期大大减少。

中王国时期还出现了一款全新造型的围裙，并仅限于担任较高职务者穿用，甚至可能是宰相的专利。这种围裙从背后向前包裹住身体，并由插入围裙中的扣具进行固定。这款围裙为高腰长款设计，上端的高度至肋下，下身一直延伸到小腿中部。官僚贵族在穿这种短围裙时，一般会把折叠处外层的上部系在腰带上，这样折叠出外层的两个角就会自然下垂，上部的角悬挂在腰带以下，而另一个角悬挂在下摆以下，这是中王国出现的与以往不同的一种短围裙。这种衣物下摆长达脚踝，上方到达胸部下方，并通过一根带子吊在脖子上。到新王国时期，这种衣物和中王国时期的类似衣物的不同之处在于，这种衣物的前部没有开襟，或许已经缝合成圆筒状，在穿的时候只需要用一根带子把它绑在胸部。

除了新款衣物的出现，中王国时期贵族们在裙子本身的美观和搭配上下了很大的功夫，其中很明显的是这一时期布满褶皱的短围裙也出现了，而这种形式的短围裙在古王国时期只存在于国王的服饰中❷。古埃及贵族有时候会在短围裙外搭配套裙，这种套裙一般是用更好的亚麻布制作，呈半透明状长及小腿。这种裙子一般分为两种，第一种是充满褶皱的裙子，这种裙子有一个前摆向前突呈三角形，从这个三角形向外发散褶皱，另外一种不存在褶皱，这种裙子由一块长方形的布系在腰间，比较平直（图2-12）。

图2-12 中王国时期官员的吊带长围裙

新王国时期也几乎没有贵族的服饰实物资料流传。但各种图像史料表明此时官僚贵族的穿着突然间变得十分繁复。

在新王国时期初期，中王国时期的穿衣风格仍在延续，即在短围裙外面搭配较为轻薄的长衫。根据图像史料判断，长衫的长度应当与穿着者的地位有关。高官的长衫可达脚踝部位。至于书吏、工头这样的小吏，其长衫则明显较短。一般劳动者仍仅穿着简单的短围裙。因此，长衫可能是区分体力劳动者和非体力劳动者的标志，而不是为

❶ P.J.Watson, *Costume of Ancient Egypt*, p.14.

❷ Philip J.Watson, *Costume Reference: Costume of Ancient Egypt*, p.13.

古埃及服饰研究

了保暖和遮羞❶。

在新王国时期，由于生产力水平的提高以及对外交往范围的扩大，国王服饰的种类较之以往更加丰富。新王国时期服装形制的发展兴起于图特摩斯三世在位时期，之后数十年间即出现丰富的变种。首先，作为总体的趋势而言，男性的社会地位越高，其上身包裹得越严实。以阿蒙霍特普二世时期的底比斯96号墓（TT 96）为例，墓主人上身明显套有一件长度到脚踝的半袖长袍，而且布料轻薄，人物的身体线条若隐若现，长袍较贴身，无明显褶皱。在阿蒙霍特普三世时代的底比斯55号墓（TT55）当中，男主人身着专属于宰相的衣物，女主人的衣物则可视为后来男女通用围裙，也即把一块轻薄宽大的布料松弛地围裹在身上而后把其中的两个角在胸前打结，从而形成一条长度到脚踝的长裙。此次形制变化很快影响到王室，国王阿蒙霍特普三世亦有肖像穿着此类围裙。第二十王朝的壁画中，男性的服装仍保持着前两个王朝的大致形式，但多赤裸上半身，仅用布料围裹住腰部以下部位。整个拉美西斯时代，壁画中的男性都在下巴上留有短胡子。第二十王朝的男性还如女性一般在假发上面添加花冠一样的发饰以及油膏。但由于其穿着复杂且形式多样，今人对其穿着方式仅停于想象（图2-13、图2-14）。但这种穿着方式此后一直延续到了古埃及文明的消亡。

图2-13　新王国时期围裙穿着方式的想象图（1）

图2-14　新王国时期围裙穿着方式的想象图（2）

---

❶ Philip J.Watson, *Costume Reference: Costume of Ancient Egypt*, p.18.

二、祭司专用服装

提到古埃及，人们脑海中往往会浮现金字塔、木乃伊、《亡灵书》等与死亡息息相关的元素，仿佛古埃及人对来生有着痴迷的执着。然而这种刻板印象其实并不正确，其实古埃及人非常热爱生活，唱歌、跳舞、运动、喝酒、游戏是他们日常生活的重要组成部分。种种迹象都表明他们和其他民族的人们一样喜欢享受美好时光。事实上，更确切地说，正是他们如此执着地坚持生命，向往美好的生活，才难以接受将死亡作为一切事物的终结，因而才构想了一套非常复杂的来世理论，希望在来世能继续享受这些美好。来世其实就是一个更加美好、更加理想化的现世，一切所需都与现世无异。因此我们可以看到在墓葬中存放了大量墓主人生前的日常生活用品，并且他的亲人还要定期携带供品过来祭祀，以保证其来世生活的富足。庞大繁复的来世观念和宗教体系，催生出了古埃及很重要的一类人群——祭司。

祭司在古埃及是一个庞大的群体，而且内部同样有地位高低与业务范围的区分。低级祭司大多为兼职，官吏和士兵都可以通过训练而成为祭司[1]，这类祭司的生计来源主要是向民众提供有偿服务。信众们将各种供品通过神庙的祭司上供给神祇，而事实上这些供品最终都被神庙的工作人员消化。根据职能划分，古埃及的祭司可以分成两类：一类祭司在神庙中侍奉众神同时负责神庙的运营；另一类祭司为人们料理后事，其主要工作是为死者操办葬礼，打理死者的墓葬并定期奉献供品，但两类祭司之间的区分并非泾渭分明。另外，祭司也有等级高低之分。

洒扫祭司（wab，源于动词"洁净"）和灵魂祭司（Hm-kA，字面意思为灵魂的仆人）是最常见的低级祭司，前者主要负责神庙的杂务，并在仪式中运送祭品，后者主要在人们的葬礼以及日后的祭祀活动中打理杂务，并运送供品。洒扫祭司与灵魂祭司数量众多，有些甚至不是专职，因此并不具有崇高的社会地位和雄厚的经济实力，因此其在各种图像史料中身着与常人相同的衣物。但根据希罗多德的记载，祭司必须穿着干净整洁的服装，这些服装由精制亚麻布制成，羊毛织物则是禁忌。古王国时期的图像史料中，祭司大多身着短围裙，在短围裙的重合部位呈褶皱形。这个时期的很多祭司的衣物有一个明显的特点，即衣物的底部会有流苏点缀，有些祭司的衣物前部腰带上会挂有几根和短围裙一样长的绳子，绳子的末端也是流苏。这种流苏可能是古王国时期祭司参加仪式的需要，也可能仅仅是为了装饰的需

---

❶ D. M.Doxey, "Priesthood", in D.B.Redford ed., *The Oxford Encyclopedia of Ancient Egypt*, Vol.3, pp.68-73.

要。同时，他们的头发和胡须也必须修得干干净净，并每天在神殿一旁的圣湖里沐浴两次，以示对神的尊敬。

另外，祭司在履行职责时可能会穿着一些特定的服装，甚至可能佩戴与某些神相关联的面具，例如豺狼面具、鹰首面具等。因为在特定的仪式中需要神的出场，由于这个世界上并不存在神，可能就由祭司佩戴面具代神出场。巴黎卢浮宫也收藏有一件木刻彩绘的阿努比斯面具。面具模仿了阿努比斯神的豺狼头造型，大小刚好适合人的头骨，其颈部有一圈孔洞以便于穿绳佩戴，眼睛部位留有开孔，以方便佩带者视物，同时豺狼的下颌系通过铰链与面具主体相连，因而可以上下开合。显然，此面具是用于某些仪式。由于阿努比斯在古埃及神话中负责制作木乃伊，而且有众多的墓室壁画刻画了其参与制作木乃伊的场景，因此祭司在参与制作木乃伊时可能会佩戴此面具。而且，从使用角度来看，由于木乃伊的制作过程为期数十天，在夏日高温环境下，尸体不可避免地会发生腐烂，佩带者可能会在豺狼面具的口部塞入浸有芳香物质的布团等物以抵挡尸臭。但关于此猜测还需寻找更多佐证。另外，为了使国王能在来世继续进食，或者为了使神能在附体到神像之后张口享用祭品，古埃及形成了一种非常重要的仪式——开口仪式。所谓"金字塔文"反映古王国时期国王葬礼仪式的重要文献，其内容为开口仪式等诸多环节所用的咒语，而且许多咒语的起首一句往往为"某某神说"，也令人不禁猜想，仪式现场是否有祭司们佩戴众神的面具替神吟诵相应的咒语。

塞姆祭司（sm）和掌礼祭司（Xry-Hbt，字面意思为"掌管节庆者"）则享有非常崇高的地位（图2-15），前者的工作包括为国王主持葬礼、祭祀等重大典礼，在古王国时期经常由王储担任；后者的主要工作是保管古埃及的重要典籍，并在各种重大仪式中担任掌礼官。由于地位崇高、身份特殊，塞姆祭司与掌礼祭司的服饰与常人明显不同。掌礼祭司在履行职务时在肩头斜挎一根素色的布质肩带，但今人尚不知道肩带的称谓与起源。

塞姆祭司最有特色的服饰是其发式与豹皮披肩。一份希腊化时代的草纸文献记载了一则神话，解释了豹皮披肩的由来。该神话称，塞特神在与其兄奥斯里斯争夺人间的统治权时，为了获

图2-15 塞姆祭司与掌礼祭司

得优势而变成了一只豹子，但那时的豹子并没有花纹。待到阿努比斯神战胜了塞特，为了羞辱他，便在其毛皮上面烙上了花纹❶。可见，豹皮披肩仍与奥西里斯神话具有紧密联系，但今人并不确定此神话在法老时代是否存在。起初这种披肩可能真由完整的豹皮制作，古王国时期的浮雕对豹子的爪子和头尾都有细致刻画。但目前唯一保存完整的豹皮披肩属于古罗马时代。该披肩现存大都会博物馆，属于罗马帝国皇帝尼禄（Nero，54—68年在位）在位时期，但款式仍与以往保持一致。披肩是由一款布从中间折叠起来制作而成。这块布被染成豹皮的样子，并且两面全被染成这种样式。这件衣物可能最初具有豹子的尾巴和爪子，但是后来均遗失。塞姆祭司在穿这件衣物的时候通常把豹子两条前肢的皮系在左肩膀上，尾巴垂在身后。与披风一同出土的还有一块头巾和一件长袍，均以亚麻布制作，头巾的一侧有一绺假发。可见至少在罗马帝国时期，塞姆祭司并非留有独特的发式，而是佩戴了一顶特殊的帽子。

第三节 平民服饰

在古埃及，身处平民阶层的劳动者没有相应的财力置办体面的葬礼，也没有太多物品可供随葬。只有为国王营造墓葬的工匠村居民，不仅吃穿用度均由国家供应，还能享受休假，并通过向都城的贵族出售丧葬用品赚取外快，因而有足够的技术与财富建造精美的家族墓葬，并将不少器物随葬。由于服装实物史料的稀少，笔者的研究主要依据雕像或贵族墓室当中的壁画浮雕。但由于贵族的经济基础在不同时代存在显著差异，其史料对于劳动场景的刻画从形式到内容也不尽相同，因而笔者也难以对整个古埃及的平民服饰做全景式的概括。

一、便装

古埃及墓葬中的壁画和浮雕刻画了各种各样的劳动场景，几乎涵盖生产活动的方方面面。古埃及是农业社会，农业、牧业、渔业在经济结构中居主体地位，林业

❶ Emily Teeter, *Religion and Ritual in Ancient Egypt*, Cambridge: Cambridge University Press, 2011, p.25.

则由于其特殊的植被情况而几乎没有。同时，古埃及的手工业也具有较高的水平。单就古王国时期（约公元前2686—前2160年）而言，论宏大有举世闻名的胡夫大金字塔，论精巧有胡夫之孙门卡乌拉（Menkaure，约公元前2532—前2503年）的国王雕像。私营商业在古埃及的发展极其缓慢。这是因为在古王国时期与中王国时期，氏族贵族的自给自足的庄园虽然总体上呈逐渐衰落的趋势，但始终是主要的经济生产模式，而在庄园中从事劳动的则主要是具有一定人身自由的氏族成员。在古王国时期，高级的氏族贵族作为庄园的主人，一方面无条件地享受着整个庄园的产品，有足够材料营建奢华的墓葬，另一方面对于庄园内农业、牧业、渔业和各种手工业部门的生产颇为上心。因此，古王国时期氏族贵族的墓室浮雕不仅非常精美，而且经常刻画墓主人视察生产或接受田庄管事纳贡场景，为今人提供了宝贵的史料。而真正作为劳动者的氏族成员在死后却只能栖身于一个个简陋的墓坑。中王国时期氏族贵族的庄园严重缩小，因此墓室的浮雕壁画质量也随之下降，墓主人视察劳动或田庄管事排队纳贡的场景也不再多见。

如图2-16所示，这两个时代的劳动者衣着仍十分简单，无非是兜裆布和短围裙。在旱地作业时，例如从事耕地、播种、收割等农业生产时，或从事制造武器、烧制玻璃、晒制土坯、榨取果汁和酿酒等手工业生产时，劳动者们基本上都身着兜裆布或围裙。但在泥泞的环境中作业时，例如捕鱼、捕捉水禽、收割莎草纸时，人们大多只穿着兜裆布甚至赤身裸体。

图2-16　第四王朝贵族墓室壁画中的手工生产场景

放牧和驱赶畜群的情况较为特殊，大概由于牛和驴的体型较大，需成年人才能控制，所以驱赶牛群和驴群的人大多身着围裙或兜裆布，而驱赶羊群的则大多为赤身裸体的少年。在氏族贵族的墓室壁画当中，另一个较为特殊的场景是宰牲（图2-17），而且牛应当是唯一可以用于献祭的牲畜。在宰牛的场景中经常既有人身着围裙又有人赤身裸体或仅在腰间围裹一条布带。在此类题材中，当出现人物着装不一致的情况时，执刀者大多是身着围裙的人，但偶尔也有赤身裸体者执刀的情况。由于其他劳动场景中，相同环境下参与作业的人员大体上保持着一致的着装，那么在宰牛场景中着装的不一致应该不是由作业环境导致。而且既然宰牛对于献祭有特殊意义，则赤身裸体者也不应当是地位低下的奴隶，而应当与其他人一样是普通的氏族成员甚至在氏族中具有一定的身份。鉴于古埃及壁画中经常把未成年人描绘为赤身裸体的形象，因此，尽管在宰牛场景中赤身裸体者与身着围裙者体型相近，但笔者认为古埃及人可能为参与宰牛与献祭赋予了成人礼的作用，未成年人在经历了这一活动之后便可以穿上围裙被视为成年人，或者至少把宰牛视为对即将成年的人进行教育与考验的机会。

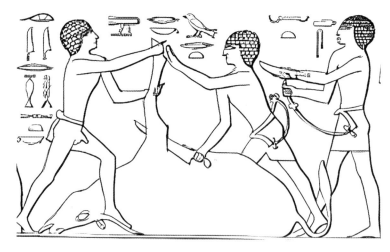

图2-17　第五王朝贵族墓室浮雕中的宰牲场景

就衣物的来源而言，古埃及平民日常应经营自给自足的小农经济并自行置办装束，但具体情况难以考证。在中王国时期的卡洪工匠村遗址，民宅中都曾出土用于架设织机的底座，说明纺织是工匠家庭女性成员的日常工作之一。该工匠村可容纳数千居民，是一座功能齐备的城镇，其居民各自经营着份地，可自行种植亚麻并用其织布、裁衣，足以满足日常穿着的需要。

但需注意，由于浮雕与壁画主要刻画人们从事农牧业生产的情形。农业生产活动尤其是收获阶段往往是在一年当中最炎热的时期，因此图案中的人仅穿着短围裙，甚至有个别人在肩头搭着汗巾。然而，气温较低的月份是农闲时节，由于浮雕与壁画未刻画劳动者在农闲时节的活动，劳动者们在此时的衣着亦无从考据。

在新王国时期，旧有的氏族纽带解体，人们获取官职的方式不再单纯依靠出身，而是凭借个人的能力与国王的恩宠。随着氏族贵族一同消失的还有自给自足的大庄园，新崛起的功勋贵族一般只占有数量有限的奴隶与土地。以第十八王朝初期的军官雅赫摩斯为例，此人在该王朝建立初期追随三代国王四处征战，退役前官至国王御用战船的水手长，其奴隶的来源主要有两种：一种是其在战场捕获的敌方军事人员或平民，先上交给国王而后再由国王赐还；另一种是国王在攻破地方城池之后将敌方被俘人员赐给有功之人，最终雅赫摩斯以上述两种方式累计获得19名男女奴隶，此外其还在家乡获得约3公顷土地，并在一个名叫"哈扎"的地方另获得约16公顷土地。❶而且雅赫摩斯的外孙帕赫利（Paheri）后来成为其家乡所在政区的最高长官。❷新王国时期功勋贵族占有地产与奴隶的情况应该不会与此人有太大出入，但相比于古王国时期氏族贵族的庄园规模则大幅缩水。

帕赫利的墓室浮雕描绘了墓主人视察辖区民众从事农牧业生产的情形。劳动者的装束在形制方面相较以往没有任何区别。但彩绘壁画表明衣物的色彩发生了变化。相较于以往的原色与淡色，暗色更受人们的青睐。

另外，根据出土的文物来看，此时在特定的人群中出现了原始的劳保服装。由于这一时期的古埃及国力最为鼎盛，国王与贵族兴建了众多宏大的建筑，故参与这些工程的工匠凭借手艺获得了相较于其他体力劳动者更加丰厚的报酬，其着装更加体面，并能提供更好的劳动保护。麦地那工匠村曾出土一批皮革制作的短裤，这些短裤主要有两种款式。一种以一块面积较大的皮革包住臀部，再以一条狭窄的皮条连接裆部。另一种则颇似现代人的三角内裤。由于这类短裤的质地为坚硬粗糙的牛皮，因此古埃及人还需贴身穿一条亚麻布衬裤。

就服装的来源而言，新王国时期的古埃及平民大多仍生活在农村，过着自给自足的小农生活。其衣物应当仍然是自己解决，包括种植亚麻、纺纱、织布等一系列活动。但随着社会分工的发展，此时既存在像麦地那工匠村这样完全脱离农业生产

❶ Kurt Sethe, *Urkunden der 18.Dynastie*, Vol.1, pp.1–11.

❷ Edouard Naville, *Ahnas el Medineh* (*Heracleopolis Magna*), London: Egypt Exploration Fund, 1891, p.5.

而专门从事于某个生产部门的社区，又有神庙这样的新型大地产主。前者可能主要通过政府供应和商业交换获得衣物，后者则应该存在专业化的集中生产。

麦地那工匠村与阿玛尔纳工匠村仅能容纳数百居民，是高度专业化的村落，居民主要是建造王陵的工匠及其家人以及少量管理人员与服务人员。根据麦地那工匠村出土的户籍统计档案，当地家庭组成模式与现代的核心家庭颇为相似，即由一夫一妻以及数名未成年子女组成家庭，男性一旦成年就须分门立户。❶工匠们不拥有农田，其生活所需的粮食由官府集中供应。已婚男性每月领取一袋半大麦与四袋小麦作为全家的口粮，未婚男性的口粮则按已婚男性三分之一的比例发放❷。由于当时古埃及尚未出现货币经济，商业活动以实物交换为主，在粮价较稳定的时期，一户家庭一个月的口粮若折价为铜可折合11德本❸。迄今未见向工匠发放衣物的记录，但鉴于衣物的损耗远远慢于粮食的消耗，即使存在集体发放衣物的办法，其发放频率也必然远远低于粮食的每月一次，因而相关记录更加难以保存至今。另外，国王有时还派人向工匠村的集体或个人进行赏赐。例如，在国王美楞普塔去世之后，宰相为了犒劳在王陵干活的工匠而向他们赏赐了包括水果、蔬菜、酒、油、蜂蜜、盐在内的各种副食品❹。又例如一名工头由于某种未被记载下来的原因而被国王通过王室管家赏赐给大量物品，其中既包括粮食以及果蔬等副食，还包括：

精薄布mss长袍2件；精薄布□□2件；精薄布jdg方巾2件；精薄布mrw束带2条；精薄布smaw长衫2件；□布□□1件；细布1张……亚麻200束……❺

mss sSr Sma-nfr 2；sSr Sma-nfr 2；jdg sSr Sma-nfr 2；mrw sSr Sma-nfr 2；smAw sSr Sma-nfr 2；jfd naa 1，mHa.w nj nax 200❻

由于该工头特意立碑记录被赏赐之事，而且此类石碑很罕见，可知此类赏赐并不常见。因此赏赐显然不是工匠获得衣物的主要渠道。但赏赐的物品当中包括200束亚麻，一方面这表明工匠获取亚麻的手段与获取食物的手段一样不是依靠自己经

❶ A.G.McDowell, *Village Life in Ancient Egypt*, Oxford University Press, 1999, pp.51-52.

❷ 同❶, pp.232-233.

❸ 德本为古埃及以铜为一般等价物时的计量单位，1德本约合公制的91克。在新王国时期，小麦价格在每袋1.5～2德本浮动，大麦价格则基本稳定在每袋2德本，参见Jac.J.Janssen, *Commodity Prices from the Ramessid Period, an Economic Study of the Village of Necropolis Workmen at Thebes*, pp.112-132.

❹ 同❶, pp.224-225.

❺ 方框（□）和省略号（……）表示原文缺损，方框（□）表示缺损一个字词；省略号（……）表示由于大段文字缺损，现代人不确定具体缺损的字词数量。

❻ Jac J.Janssen, *An Unusual Donation Stela of the Twentieth Dynasty*, pp.64-70.

营农田，另一方面结合工匠房舍附近放置织机的痕迹可推断工匠们的衣物主要依靠女眷纺纱织布解决。工匠们可以享受大量假期，在业余时间或假期利用其一技之长制作各种生活用品或丧葬用品，用于与底比斯的居民交换副食品及其他生活物资，其中也包括亚麻纤维、布匹或成衣。总之，绝大多数平民应通过自己制作或商品交换解决其穿衣的需要，少数特定人群可以从官府得到部分衣物。

古埃及平民的话语权有限，今人难以从王公贵族留下的史料中得知古埃及平民如何称呼他们的衣物。在此情况下，工匠村的史料为今人了解古埃及平民衣物的价格、形制提供了宝贵的资料。麦地那工匠村距离水源较远，供水、洗衣等服务往往由官府派人提供集中保障。洗衣场的接收人员定期上门收集衣物，并记录下在每户收集衣物的种类与数量，而后集中运回洗衣场进行洗涤和晾晒。这类文献有两种形式，一类由收集衣物的人员记录其从每户收集衣物的种类与数量，以便于日后归还洗涤干净的衣物。例如麦地那258号石片（O.DeM 258）写道：

……家：dAjw，2件；Xnk，2件；mss，？件；jsh，1件；…pd，3件

jny家：dAjw，？件；sDw，1件

jmn……家：dAjw，1件；sDw，2件；jsh，1件；sd，？件

xnsw家：dAjw，1件；sDw，1件；rwDw，1件；Xnk，1件；jsh，1件……[1]

另一类为工匠们时常以实物交换的形式购买衣物，相关档案记录下了衣物的价格与质地。在这些收集、交易衣物的记录中，各种衣物的名目按照被提及的次数排列如表2-1所列[2]。

表2-1　各种衣物的名目、件数、价格及质地

名目	送洗件数	交易件数	价格（德本）	质地
dAjw	106	24	10 ~ 30	薄布
sDw	88	17	5 ~ 16	细布
sDw n pHwy	7	0	—	—
sDw n Drt	6	0	—	—
Xnk	85	0	—	—
jswt	53+	0	—	—

---

[1] 省略号（……）和问号（？）均表示原文缺损。省略号（……）表示由于大段文字缺损导致现代人不确定缺损多少字词；问号（？）表示字迹模糊难以辨认。

[2] 该表的编制系依据 Jac J.Janssen, *Commodity Prices from the Ramessid Period, an Economic Study of the Village of Necropolis Workmen at Thebes*, Leiden: E.J.Brill, 1975, p.249-292.

名目	送洗件数	交易件数	价格（德本）	质地
jsh	39	1	佚失	—
mss	17	45	5	细布
rwDw	17	14	2.5～10 7～20	细布 薄布
pry	14	0	—	—
nTr	13	0	—	—
DAyt	9	15	20～50	细布
jfd	6	18	7～10	细布
mrw pHw	3	5	5～7	—
jdg	3	15	5～25	薄布
psdw	2	0	—	—
Hbs	2	0	—	—
Hry-qaHt	1	1	7	—

其中，dAjw、sDw、Xnk 在每一份洗衣档案中都大量出现，而且 dAjw 每一次都为数最多，sDw 与 Xnk 或是数量接近，或是相差悬殊。jsh、pry、rwDw、mss 也经常出现在洗衣档案中，但总量比前几种明显减少。其他词汇仅零星见于洗衣档案。另外，根据哈里斯一号草纸（p. Harris I），即国王拉美西斯三世向神庙进献供品的清单，古埃及布匹根据品质高低分为四等：sSr-nsw、Sma-nfr、Sma、naa，尽管这四个词语的字面意思分别为"御用布""精薄布""薄布"❶"细布"，但笔者认为其作为布料品级的称谓已经多少脱离了原意。按照该分级办法，显然工匠村居民的衣物主要以较差的两级布料制成。

另外，如图 2-18 所示，在衣物送洗的环节中，不识字的工人会通过图画记录衣物的种类，图画中的点代表该种衣物的数量。其中，一边或相邻两边带有流苏的长方形布数量最多，无流苏的长方形布数量较少，两段有流苏的长方形布、三角形兜裆布、上衣仅零星出现。这些图画也再次印证笔者的推断，古埃及人的衣物在本质上就是一块布，是穿着的方式决定了穿着之后的外观，而各种表示衣着的词汇本质上是指代某种布料或是某种穿着方式。

---

❶ 其字面意思为"上埃及布"或"南方布"。

二、戎装

从地理位置来看，古埃及是一片相当孤立封闭的土地。其东临红海，西靠撒哈拉沙漠，南部以尼罗河第一瀑布与努比亚相隔，北面是广袤的地中海。古埃及的对外扩张在相当长的时间里只能从东北方和南方两个方向进行。在南方的努比亚土著的生产水平与社会发展的程度远远落后于古埃及，难以对古埃及构成实质性威胁。在东北方，古埃及与亚洲的陆上来往

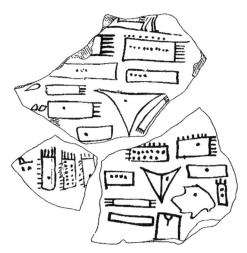

图2-18 麦地那工匠村洗衣工记录衣物数量的石片

需要经行西奈半岛，但此地是极度干旱的沙漠和高山，对任何入侵者而言都是一个巨大的障碍。得天独厚的地理条件使古埃及在古王国时期和中王国时期免遭外族入侵的威胁，因此这时的古埃及文献及艺术作品对战争的描述并不常见，对古埃及军队的描述也相应较少。

在古王国时期与中王国时期，直接反映战争场景的图像史料较少。古王国时期的古埃及早已扩张到了当时其力所能及的地区，因而这一时期有关战争的记述与描绘较为罕见，通常为国王派遣远征队对未控制的地区进行探索。第六王朝中期，随着上努比亚人向古埃及控制下的下努比亚迁徙，古埃及对该地的军事行动增多，并且多由古埃及南端的地方贵族主导。但领导军事行动的赫尔胡夫（Herkhuf）与佩皮纳赫特（Pepynakht）等人仅在墓中以文字描述的形式简要记述了事件经过，未留下浮雕与壁画❶。另外，在新王国时期之前，古埃及应当没有职业化的军队。按照人类文明演进的一般规律，在职业军人出现之前，人们平时为民，战时为兵，仅氏族贵族的身边可能聚集着一小群不事生产的武士并在战时充当军队的骨干。到新王国时期，随着氏族纽带的瓦解，越来越多的人以较为自由的身份从事各个行业，职业化的军队才成为可能。因而，古王国时期古埃及平民出征时的装束难以考证。

中王国时期的图像史料对古埃及戎装的刻画略有增加。最具代表的史料出自今艾斯尤特（Asyūṭ）的一座墓葬。墓主人是当时的地方长官，陪葬品当中有两组木头

❶ B.Porter、R.L.B.Moss, *Topographical Bibliography of Ancient Egyptian Hieroglyphic Texts, Reliefs, and Paintings*, Vol.5, p.237.

雕刻的武士模型，一组为持短矛与盾牌的古埃及步兵，另一组是手持短弓与箭矢的努比亚步兵。古埃及武士除盾牌的纹饰不同，其他方面均保持一致。努比亚武士的衣着与古埃及武士相同，但底色为红色或土黄色并有各种各样的纹饰（图2-19）。总体来看，武士们所穿的围裙与古王国时期贵族所穿的围裙基本相似，但是更短更贴身，应该是为了便于在战斗中做大幅度的动作而有意为之。

图2-19 中王国时期的古埃及武士模型

在新王国时期，古埃及建立起职业化的军队，开始频繁对外发动战争，成为当时地中海东部地区一霸。而且此时的国王非常乐于在神庙墙壁上以浮雕记述其征战的场景，为今人留下丰富的图像史料。例如拉美西斯三世在面对海上民族的入侵时，领导古埃及军队进行反击的场景。公元前13世纪，海上民族对地中海东部沿岸的多个国家发起了攻击，这些民族的入侵对古埃及的威胁尤其严重，他们在地中海一带进行掠夺，对各国造成了重大的冲击。在这样的背景下，拉美西斯三世必须采取有效的措施保护国家的安全。

在神庙的墙壁上，拉美西斯三世刻画了多场与海上民族的战斗，其中就包括拉美西斯三世如何在海上民族入侵前夕动员军队。他下令进行军事训练、准备武器，确保军队的战斗力。这些刻文展现了法老作为统帅的决策能力和领导力。描述中提到，拉美西斯三世在战斗前进行祭祀，祈求神明的保佑，以确保胜利。这样的描绘强调了古埃及人对宗教的重视，以及法老在战争中的神圣职责。墙壁上还刻有许多海战的场景，展示了法老如何亲自指挥海军进行战斗。战斗场面生动，士兵们在船上奋勇作战，使用弓箭、长矛等武器，展现出激烈的战斗气氛。法老本人往往被描绘为站立在战车上，身披铠甲，手持武器，显得威风凛凛。在这些场景中，拉美西斯三世不仅是士兵的指挥官，更是他们的榜样，激励军队勇敢作战。通过这些刻文，后世可以清晰地了解到当时战争的激烈程度和法老的英勇形象。许多刻文详细描述了战斗胜利后的庆祝场景。在战斗胜利后，拉美西斯三世举行盛大的庆祝仪式，向神明献祭，感恩他们的保佑。这些仪式不仅是对胜利的庆祝，也是对神灵的崇拜与感激。墙壁上描绘了法老与祭司们一起进行献祭，向众神祈求保佑。这样的描绘反映了古埃及社会中宗教与政治的密切关系，强调了法老的神圣地位。

墙壁上的另一部分内容记录了拉美西斯三世对敌人的胜利。许多被捕的海民被描绘成跪在法老面前，乞求宽恕。这一场景不仅表现了法老的强大与威严，也展示了他在胜利后采取的宽容态度。拉美西斯三世将俘获的敌人带回古埃及，表现出他在战斗中的决策和对国家的保护。这些刻文不仅反映了战争的结果，还揭示了法老如何稳定国家的局势。墙壁上还刻有关于战争后果的内容，描述了海民入侵对古埃及社会的影响。虽然拉美西斯三世成功击退了敌人，但战争也给整个国家带来了巨大的损失和创伤。这些内容反映了法老在战争中的责任感，他不仅要面对军事挑战，还要关注战后国家的恢复和重建。刻文中提到，法老采取措施帮助重建被战争破坏的村庄和城市，展示了他对百姓的关心。

另外，当时的古埃及在今开罗附近曾设有军械库和练兵场，并有不少士兵和制作武器的工匠在死后被葬在附近，这些墓葬也提供了许多宝贵史料。

然而，古埃及的军人无论军官还是兵士似乎都没有专业的盔甲。图像史料中的军人仍大多赤裸上身，或者从肩头斜挎一条布质或皮革的带子。由于带子的面积有限，应当不是用于防护，而是用于携带某种物品，或者单纯用于装饰或显示某种身份。即使是较宝贵的战车兵在浮雕中也被刻画为赤裸上身的模样，而且往往在同一幅画面中的亚洲战车手被刻画为身着鳞甲的模样，因此古埃及战车兵的模样至少不是雕刻工为减少工作量而为之。

其中一部分原因在于气候，以及前面提到的快速突袭的战术，但经济原因可能更为关键。新王国时期的职业军人类似于我国古代军户，他们从王室或神庙的地产中领取一块份地，除去应缴的租税之后，剩余产品则全部成为其薪俸。第二十王朝的"韦伯草纸"是当时某神庙登记税收的账册，根据其记载，当时从该神庙领取份地的人员当中就有不少步兵和战车手等，其份地的面积多在3公顷左右，税率虽只有5%，但一年的劳作也只收获50袋左右的粮食❶，甚至略低于麦地那工匠村的薪酬水平。

❶ 杨熹：《维尔伯纸草研究》，东北师范大学博士学位论文，2016年，第46页。

古埃及的铜资源比较匮乏，铜在民间颇为罕有而且价格昂贵。今人对于工匠村的经济活动与日常生活有着更为具体的了解，尽管当地的民间实物交换涉及数十种物品，但铜仅以抽象的价值单位行使一般等价物的职能，而从未以实物形式成为交换对象，另外两种用于熔炼青铜的原料——锡和铅的交换记录也很罕见❶。此外，工匠村出土的文献表明，工匠开凿王陵所用的凿子在正式文件中被称为"法老的凿子"，有专门的部门负责回收钝凿子以进行重铸，区区几十把凿子的交接就需要书吏、差役、工头等十余人到场见证；某工匠在远行之前把家中的财物全部列于清单以便日后查对，财物范围从床、折椅等陈设到大麦、洋葱等食物，但除几个箱子上可能有零星的金属部件外，没有一件器物是金属器；一位老妇在分割遗产的遗嘱中唯独把一口青铜盆单独处置，交给其与前夫所生的长子；另一名妇女被发现偷窃了一个铜凿子和一个小铜像，工匠村法庭的初审意见却是死刑❷。通过上述事例，铜的稀有与贵重可见一斑，而且须知，工匠村的居民在古埃及平民当中绝对已经属于上层阶级。

再回到韦伯草纸所记述的神庙以及军户。按照新王国时期每袋大麦折合约180克铜的价格，一户士兵家庭即使不吃不喝，一年的全部收成也只能换得到9千克铜，而且从工匠村的情况来看，铜属于有价无市的情况。由此可见，军人仅凭份地的收入，根本无力同后世古希腊的重装兵或古罗马的公民兵那样自备厚重的盔甲。可以想见，普通士兵除木盾或皮盾以外，并没有专为作战而制作的防护用具。

甚至到第二十五王朝晚期，古埃及的军官在上阵时可能仍没有像样的盔甲。此种论断的证据来自当时击败古埃及的亚述帝国，一块亚述浮雕刻画了亚述国王与几名被俘的古埃及贵族，由于第二十五王朝系由努比亚人在古埃及建立，因而被俘的古埃及贵族体现出典型的黑人的体貌特征，但其衣着并不是盔甲，而是与当时古埃及壁画中努比亚贵族的常服别无二致。

从这时开始，西亚地区相继出现亚述、巴比伦、波斯这样国土广阔且军力强盛的帝国，古埃及以一国之力进行对抗越发力不从心。而且古埃及周边的民族开始陆续进入铁器文明的阶段，武器变得越发锋利，缺少盔甲护体使古埃及在战争中越发处于不利地位。适逢古埃及与古希腊之间的往来与联系更加频繁，这就不难理解为何古埃及在其文明的晚期越发倚重于来自古希腊身披重甲的雇佣兵，直至最后连国王的废立与国家的命运都极大地受到古希腊雇佣军的左右。

---

❶ Jac J.Janssen, *Commodity Prices from the Ramessid Period, an Economic Study of the Village of Necropolis Workmen at Thebes*, pp.441-442.

❷ A.G.McDowell, *Village Life in Ancient Egypt*, pp.39, 66-67, 188, 209-210.

第三章

古埃及女性服饰

尽管古埃及关于女性的描述要远少于男性，但女性在古埃及人的生活中扮演着重要的角色，相较于同一时期其他文明的女性，古埃及女性也享有更多的权益和自由。❶古埃及女性经常出现在墓葬壁画的场景中，她们既作为墓主人的妻子或女儿，也以女仆、舞者和乐手的形象出现。其中对于女性最常见的描述是夫妻并排坐着，妻子通常坐在丈夫的左边，一只手臂搭在丈夫的肩膀上，以示爱意。一般情况下妻子的身材会略矮小一些，并表现出顺从丈夫的姿势。❷在古埃及的艺术风格中，无论是雕像还是壁画中，通常都将男性描绘成红棕色皮肤，而女性则是浅黄色皮肤。古埃及人通过这样的艺术表现手法，表明男人长期从事户外的工作或活动，皮肤很快就被晒成了古铜色，而那些大部分时间待在室内的女性则保有较为白皙的皮肤。事实上，这种对于女性的描述仅限于上层女性。对于平民阶层女性而言肯定不是这样的。因为她们经常需要在田里帮忙收割，在河边清洗衣物。在这样的户外工作环境下，她们可能很快就能得到像男人一样黝黑的肤色了。

与其他古代文明相比，古埃及妇女具有更高的社会地位，在古埃及人的坟墓中，女性的身份被描绘成妻子、女儿、舞者和乐器演奏者等，她们的服饰也各式各样，很有特色。古埃及妇女被称为Nbt-pr（▱），即"房子的女主人"，古埃及妇女大部分时间待在室内或者在公园的背阴处，即使是乡村的妇女，也只在收获的季节或者短期的繁忙的工作时走出家门，所以她们的服饰更加简单随意。

和男性一样，古埃及妇女的衣服也比较轻薄，她们经常裸露着上半身。古埃及妇女最常见的衣服是Kalasiris，它们一般由亚麻布制作，它的主体部分由一块长方形的布构成，在制作时把长方形布块的一边缝上，一般在衣服的上方有两根带子系在肩膀上，这种衣服比较短，上部只到胸部以下，从古埃及古王国时期到新王国时期末期，妇女经常被描绘成穿着这种紧身衣服，并且这种衣服在长达两千年左右的时间里基本上没有发生大的变化，只在形制和颜色上发生了轻微的变化。第一种变化是这种衣服的上半部分更长，可以遮住胸部。另一种是颜色上的变化，相比以前，新王国时期这种束腰外衣的颜色更亮，并且装饰有各种图案。富裕家庭的妇女一般用比较轻薄精致的布制作这种衣服，使衣服呈透明状，当天气转凉的时候，她们会在这种衣服上加一件围巾。贫困家庭一般用比较笨重粗糙的布制作这种衣服，

❶ 徐海晴：《古埃及女性地位探析——以婚约为视角》，《理论界》2013年第8期，第131页。

❷ 王海利：《古埃及女性地位考辨》，《西亚非洲》2010年第2期，第46页。

这些衣服一般比较宽松，而不是像富裕家庭一样是紧身的。

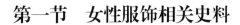

第一节　女性服饰相关史料

在古埃及的壁画和雕像中，女性穿着的这种衣服都被裁剪得非常精致，"制作如此精致的衣服可能需要非常高超的裁剪技术，所以那个时期的古埃及人应该拥有制作这种衣服所需要的高超技术"❶，有历史学家认为这些雕塑和壁画"可能只是对理想的服饰kalasiris的描述，并不是对这种衣服的真实描述"❷。

除了这种衣服以外，古埃及的女性也会穿一些其他的服饰，一些女性常穿一件宽松的半身裙，搭配一件带有很长袖子的紧身上衣，新王国时期法老埃赫那吞统治时期，古埃及的妇女经常穿着一种很长的褶皱衣服。

古王国时期，古埃及妇女最常见的服饰是一件修身连衣裙，这件连衣裙一般由亚麻布制作，一部分经漂白成白色，另外一些被染成鲜亮的颜色，比如绿色、红色、黄色等，这件衣服上部一般到胸部，下部一般到脚踝以上。有两根带子把它系在肩膀上，这两根带子一般从下到上逐渐变窄，另外这种带子一般会有珠子等饰品装饰。"这种衣服可以使她们有更多的活动空间，因为这种衣服没有袖子，在穿着这种衣服的时候，女性们可以跳舞甚至做一些简单的体育动作。"❸除此之外，有些古埃及妇女会在身上披一件披肩，这件披肩一般会把胳膊覆盖住。古埃及女性农民经常会穿着这种长裙，但是由于财力有限，她们的裙子一般比较粗糙肥大，所以在工作的时候，她们会在腰间绑一根带子。

古埃及妇女通过改造这种裙子的上部，创造出一种新式的裙子。这种裙子的肩带很宽，穿在身上的时候，胸前的领口呈"V"字形，这种衣服的两侧也比较高，可以达到腋下。

古埃及舞者的衣服与上述裙子不同，她们的衣服更像是古埃及男性充满褶皱的短裙，这种短裙一般由一块长方形的布制作，长度一般只到达大腿中部，开襟在前部，穿在身上的时候要用一根腰带绑在腰部。这种短裙有利于舞者双腿的自由活

❶ Sara Pendergast、Tom Pendergast, *Fashion, Costume and Culture*, Vol.1: *the Ancient World*, Detroit: U·X·L Press, 2004, p.24.

❷ 同❶。

❸ Eugen Strouhal, *Life of the Ancient Egyptians*, Liverpool: Liverpool University Press, 1996, p.80-81.

动。她们一般赤裸上身，或者仅在上身缠一根带子用来装饰。除了这种衣服，古埃及舞者还有一种更加简单的衣服，她们仅仅在腰间裹一条缠腰布，以利于两腿的活动。

古王国时期，在气温较低的早晨或者夜晚，富裕阶层的女性会穿一件长袖的长袍，这种长袍一般有一个较大的领口；在节日庆典的场合，古埃及富裕阶层的妇女会用线串起用彩陶制作的珠子，做成网状系在她们的束腰外衣的中部，宽度可达她们的束腰外衣的三分之一；相比于她们，贫困家庭的妇女则只用一条串上珠子的线系在腰上。

H.J.沃森曾指出："与现代社会不同，古埃及妇女的服饰变化较古埃及男性服饰小"❶，"但是仍然有一些创新，展示出一种更加精致的趋势"❷。中王国时期，两条肩带的长裙时期十分流行。不过衣服的颜色和图案更加丰富，根据古埃及坟墓的壁画来看，这一时期"绿色变成了最受欢迎的颜色"❸。同时，更多的集合图形装饰图案出现在古埃及妇女的衣服上。

这一时期古埃及妇女也和男性一样，会穿一种羊毛制作的毯子衣服，这种衣服由一块大毯子制作，穿在身上的时候长及小腿，可以裹住双臂。女士的这种衣服与男士唯一的不同是，女性一般裹住双肩，而男性一般会裸露一边的肩膀。这一时期古埃及的舞者有时候会穿一种连衣裙，这种连衣裙在胸前呈"V"字形，开襟可达腹部，在开口的最底端一般会用一条带子系上。

与男性衣服相似的是，在中王国时期，女性也经常会用藤条、稻草等植物制作衣服，由于衣服本身比较粗糙笨重，一般只有下层妇女才会穿这种衣服。

中王国时期，古埃及妇女喜欢在束腰外衣外穿一件"由彩色的珠子制作的网状的衣服，这种珠子一般被制作成宝石的样子，在网状衣服的底部，一般悬挂着珠子制作的流苏"❹，类似这种网状的衣服最早出现在第六王朝。

新王国时期，随着古埃及的对外扩张，"古埃及服饰受到近东埃及占领区的影响"❺，加上埃赫那吞时期宗教改革的影响，"新王国时期的古埃及女性的服饰变得

❶ Hilip J.Watson, *Costume Reference: Costume of Ancient Egypt*, New York: Chelsea House Publishers Press, 1987, p.23.

❷ B.M.C.,*The Dress of the Ancient Egyptians（Ⅰ）: In the Old and Middle Kingdoms*, *Bulletin of the Metropolitan Museum of Art*, vol.11, 1916（8）, p.170.

❸ 同❶。

❹ 同❷。

❺ Eugen Strouhal, *Life of the Ancient Egyptians*, Liverpool: Liverpool University Press, 1996, p.81.

更加多样和复杂"[1]，虽然不像男性服饰变化那么大，但是显而易见的是，女性的服饰也有很大的发展。

新王国时期，妇女一般穿两种衣服：古王国时期的紧身束腰外衣和一件很长的宽松的亚麻布制作的白斗篷，这件斗篷通常会坠有流苏[2]。两条肩带的女性紧身服饰依然十分流行，同时一种类似于袍子的亚麻衣服流行起来，这种衣服一般由一张毯子制作，长及脚踝，除了右肩裸露以外，这种袍子包裹全身。它的开襟一般在身体前部，在这张毯子的边缘一般会有流苏。新王国时期，还有一种与这种袍子类似但是比这种长袍更加复杂的长裙，这种长裙一般是由一张边上缀满流苏的毯子制作，充满褶皱，它把两个肩膀都覆盖住，它的开襟一般在前方，穿的时候只需要用别针别上。

新王国时期埃赫那吞改革以后，一种新搭配方式流行起来，这种衣服的下身一般是一条充满褶皱的长裙，长裙的后方可长达地面，一般有一条彩色的腰带系在腰间，这条带子的色彩与白色的衣服形成鲜明对比。在上身，女性一般穿一件披肩，披肩的四个角在胸前系在一起，覆盖住胳膊肘以上部分。在国王埃赫那吞的妻子奈菲尔提提和图坦卡蒙的妻子涅夫尔塔瑞的雕刻中，两位王后都穿着这种长裙和披肩。古埃及的上层女性有时候会像古埃及的贵族一样穿两件衣服，外层的衣服一般由最好的亚麻布制作，一般这种衣服只有短袖，这种透明的衣服可以更好地突出古埃及妇女的曲线美，在这种衣服的内部，古埃及妇女一般穿一件传统的束腰外衣。

新王国时期，当舞者、乐器演奏者、女仆人和中上层妇女在一起的时候，它们常常身着束腰外衣，然而在当她们不在公共场合出现的时候，她们可能只穿一件缠腰布。古埃及的仆人们有一种紧身的长达脚踝的长裙，这种裙子袖子一般到达手肘，领口的最低处有一个锁孔型的开口，这种衣服比较少见，但应该是古埃及的女仆人衣服的一种。

在麦地那工匠村出土的属于古埃及第十九或者二十王朝的一块绘有古埃及舞者的石头[3]向我们展示了古埃及舞者的服饰特点，图中的女孩穿着一件包臀布，这块布在后部比较宽大，裹住臀部，在前部则比较窄，绑成了一个节。这块包臀布主体为黑色，装饰有白色和红色的条纹，这种类型的衣服有利于保持舞者身体的灵活性。

---

[1] Eugen Strouhal, *Life of the Ancient Egyptians*, Liverpool: Liverpool University Press, 1996, p.81.

[2] B.M.C.,*The Dress of the Ancient Egyptians (Ⅱ): In the Empire, Bulletin of the Metropolitan Museum of Art*, vol.11, No.1916（10）, p.212.

[3] 这块彩绘由石灰岩制作，高10.4厘米，现藏于意大利都灵的埃及博物馆，编号C.7052。

古埃及女性农民在田间劳作的时候，一般只把一块亚麻布裹在腰间，长度可到膝盖以下，而上身基本上不穿任何衣服。古埃及哺乳期的妇女一般会用一块亚麻布把自己的孩子绑在胸前，这样可能是为了更好地照看孩子，或者哺乳。

由于制作材料难以长久保存，在重构古埃及的服饰时，我们只能依靠坟墓壁画和雕像以及坟墓中的文字进行，这些材料是否能真实地反映古埃及服饰的真实情况是值得商榷的。首先，正如我们平时对照片的美化处理一样，古埃及工匠在制作这些东西的时候，很可能也对它们进行了美化，埃及出土的很多考古材料证明古埃及的服饰可能并不像壁画中描绘的那样轻薄美观，它们中的大部分都是比较厚重且粗糙的。

另外我们应该注意的是，古埃及工匠在制作雕像和壁画时，可能和实际情况有所出入，他们制作的壁画中可能反映的并不是他们生活时代的服饰特点，而是他们生活时代之前的服饰特点，"纪念碑上反映的服饰可能具有延迟性和随意性，这些都是不能忽视的"❶。

综上所述，如果我们通过坟墓壁画和坟墓中的文字来重构古埃及服饰的话，我们只会看到古埃及人理想中的服饰情况，并不是真实的古埃及服饰。所以这种壁画和文字很可能具有很大的局限性。为了能得出更加客观的结论，我们应该把文献材料和壁画雕塑所反映的情况进行对比，使之互相验证，当它们之间发生冲突的时候，我们应该更相信考古材料，而不是壁画和文字，这样或许我们才能得到更加客观具体的结论。

第二节　女性服饰的历史变迁

一、古王国时期

古王国时期最常见的女装是长款及脚踝的亚麻连衣裙❷。连衣裙的剪裁十分修身，能较好地紧合身体，以凸显女性的曲线美。连衣裙的上半身由两根粗布肩带支

---

❶ Francois Boucher, *20000 Years of Fashion: the History of Costume and Personal Adornment*, New York: Happy N.Abrams, Inc Press, 1967, p.94.

❷ 杨威：《古埃及、古希腊服饰风格的比较》，《天津工业大学学报》2004年第5期，第30页。

撑着，肩带在与裙子相连的地方最宽，至肩部逐渐收窄，肩带上还会有宝石、珍珠等作为装饰。❶从大部分的雕像上看，肩带是完整包裹住胸部的，然而在壁画或浮雕中，胸部则是裸露出来的。这或许会让一些人产生困惑。但如果熟悉了古埃及艺术的表现手法后就会知道，古埃及人在二维艺术作品中，为了表现出正面和侧面两重视角，会将两面的特性进行叠加，因此我们看到的裸露的胸部实际是侧面效果，只是用正面的形象所表现出来。连衣裙通常被染成明亮鲜艳的颜色，主要是古埃及人钟爱的绿色、蓝色、红色以及黄色，有时也会将亚麻原色进行漂洗成白色。一些衣物上还会描绘花纹以做进一步装饰，或在连衣裙上再整体覆盖一层纱网，以增加服饰的层次感。与这类连衣裙经常搭配穿的另一件服饰是披肩，披肩两端在胸前交叉并固定，可更好地遮挡住胸部。

从事农业生产活动的女性也会身着类似款式的连衣裙，但是材质和织法都要粗糙很多，因此并不能做到修身的效果，所以往往会在腰间缠一根腰带以凸显衣物的曲线，同时也能防止过于宽松的衣物影响到正常的生产活动。

在第五王朝的一处墓葬中，考古学家们发现了一个不寻常的女性着装案例，墓葬中描绘的是乐手、舞者和歌者表演节目的场景。❷如上所述，女性乐手一般会穿着带有肩带的传统连衣裙。然而，舞者们穿着的却是不及膝盖的短裙，长度仅仅刚盖过臀部。短裙上方由一条亚麻腰带固定。舞者上半身为穿着衣物，并在腹部缠绕一根亚麻绶带作为装饰，胸部同样有一条亚麻布带作为装饰。布带斜穿过胸部，形成一个X形交叉并绕于脖颈之后固定。此外，她们的脖子上还有戴一个项圈。这样的穿着应该是为了便于舞蹈过程中的一些大幅度动作，例如踢腿、抬腿、下腰等。❸在另一处描绘舞蹈场景中，跳舞的女性穿着一条极短的缠腰布，这种缠腰布类似于渔夫和猎人的装饰，仅是一块缠于腰间的亚麻布，在肚脐下方打结进行固定，长度近大腿中部，并且在正前方有很高的开衩，几乎快达到裆部。她们的上半身全裸，仅在脖子上佩戴一条项圈。她们头戴专用的头盔，头盔顶端系有一条丝带，丝带的另一端固定有一个排球大小的球形装饰❹，这类服饰应该是为了用于某种需要甩动头部的舞蹈而专门设计的。

目前考古尚未发现有女性短款围裙和吊带连衣裙的实例，但在埃及沙姆沙伊赫地区的一个妇女的墓葬中，发现了九件亚麻衣物。这些衣物是用两层细麻布重叠缝

❶ 李当岐：《西洋服装史》，北京：高等教育出版社，2005年第2版，第19页。

❷ P.J.Watson, *Costume of Ancient Egypt*, New York: Chelsea House Publishers, 1987, p.22.

❸ 同❶，第26页。

❹ 同❷, pp.22-23.

合制作而成。其中一条高腰的裙子从胸部以下一直延伸到脚踝，由一整块亚麻布进行折叠和缝制而成。其中还有用细麻布制作的两件衣服，剪裁非常简单，没有任何修饰，领口呈V字形，领口前后分别有三根松弛的绳子，通过拉紧绳子来锁紧领口。衣服的长袖沿内缝处缝合得很窄很紧，以便留下一个松散的衣襟能垂下来。这些衣服都特别宽大，超过了一般女性所穿着的尺码，因此，它们极有可能纯粹是作为随葬品的一部分而设计的，而并非墓主人生前的日常穿着。虽然如此，但我们依然可以通过这些服装来考证古埃及服饰的风格及工艺❶。

与现代女性服饰潮流更新速度迅速不同的是，古埃及女性服饰的风尚要比男性保守得多，且总体风格的变化相对较小。因此，中王国时期的上层阶级和中产阶级的女性服饰仍然是上面描述过的古王国时期那种带有两条肩带的紧身连衣裙。但与此前古王国时期风格不同的是，中王国时期的连衣裙色彩搭配要更加丰富，除了将亚麻漂白至纯白的素色服饰，还有近乎透明的薄纱连衣裙，以及染成各种颜色的连衣裙。其中绿色仍然是最受欢迎的，因为绿色在古埃及象征农业、希望和新生。冥界之主奥西里斯神的皮肤就常被描绘成绿色，这被看作是重生的标志❷。此外，各类设计图案也被描绘在织物上，其中许多还应用到了宝石、贝壳甚至金银等作装饰。花纹主要是一些重复的几何纹，例如十字纹、方格纹、网状纹等。另外，花瓣纹也非常常见。毛毡披肩在中王国时期也较为常见，且是男女通用的服饰类型，不过男性通常单肩披，而女性则是双肩披。

我们知道，在古王国时期，女性很少穿短围裙，只有舞者是例外，正如前面提到的，她们通常穿及膝的短围裙或带褶皱的缠腰布，用于舞蹈表演。一般女性通常穿吊带连衣裙。不过在中王国时期，短围裙也逐渐被一部分女性所接受，相比于长裙，短裙有更好的透气性，更适宜埃及炎热的气候，同时因为连衣裙过于修身，走路时步伐无法迈过大，而短围裙则没有这个问题，因此也更便于活动。

然而，遗憾的是，关于中王国时期女性服饰的信息其实我们仍然所知甚少，最主要的原因是目前考古尚未发现这一时期女性服饰的实物，仅有的相关证据是在一位王后的墓中发现了一些亚麻织物的残片，但也无法考据这些残片来源于女性服饰。

---

❶ P.J.Watson, *Costume of Ancient Egypt*, New York: Chelsea House Publishers, 1987, p.23.

❷ J.W.Griffit, "Osiris" in D.B.Redford（ed.）, *The Oxford Encyclopedia of Ancient Egypt*, Vol.2, Oxford: Oxford University Press, 2001, pp.615-619.

二、新王国时期

新王国时期女性服饰的款式与早期款式相比发生的变化，概括而言就是有了更符合时代潮流的款式和外观。随着阿玛纳时期艺术的兴起，第十八王朝末期至第十九王朝兴起了带有大量华丽褶皱装饰的服饰。尽管如此，正如前所述，古埃及女性的服装风格较之男性仍然较为保守，女性服饰的风格变化和发展比男性服装慢。

新王国早期的贵族女性钟爱及脚踝的修身无袖连衣裙。这种连衣裙的剪裁其实十分简单。就是把一块亚麻布折起来，缝合好两边，在两侧上端留下两处空隙作为袖口，在顶端还要裁剪出一个开口作为领口。除此之外无多余剪裁。从壁画的描绘上来看，这些连衣裙被漂成了洁白的颜色，并紧贴着身体的轮廓，总体显示出一种简单的优雅。有些女性穿着这种紧身连衣裙时会只穿在一个肩膀上，露出另一侧肩膀，有时双肩都不穿上，并将衣物褪至胸部以下。不过总体而言，这样的穿着还是不常见的。

新王国时期王后的服饰也是类似的款式，只不过会用精细的材料和更精致的做工制成。在法老图坦卡蒙的墓葬壁画中，可以看到图坦卡蒙的王后穿着一条修长的带有垂直褶皱的紧身长裙。后裙摆一直拖到地面，类似于现在一些晚礼服和婚纱的设计。腰部由一条几乎和裙子本身一样长的红色腰带系着。裙子是由近乎透明的薄亚麻布织成，并被漂成明亮的白色。因此她的上身必须再穿着一件打褶的披风，披风为橙红色，在胸前面打了个结❶，这样就可以遮挡住她的胸部，但不会遮住她的腰部，能够很好地凸显出王后婀娜的身姿曲线。

平民阶层的女性并不会有太多华丽的衣物，并且从事劳作的女性也会选择更利于活动的服饰。在新王国时期的艺术描绘中，农民妇女并不经常出现，但毫无疑问，她们会穿相当简单的衣服，但不一定会很粗糙。因为有大量证据表明，纺织是家庭手工业的重要组成部分，是平民女性必备的生产技能之一❷，因此每个家庭的衣物应该能做到自给自足，并且工艺不至于粗制滥造。大多数在田野劳作的女性都会穿一条朴素的裙子，有时也会裸露上身。尽管古埃及上层妇女会有意识地遮挡胸部，但在平民阶级中，似乎并不认为暴露女性胸部有任何不妥之处，一些女仆甚至近乎全裸，仅穿着一条缠腰布或短围裙遮挡下体。

有一些场景还描绘了妇女带着婴儿的情形。女性下半身仍然穿着正常的服装，

❶ P.J.Watson, *Costume of Ancient Egypt*, New York: Chelsea House Publishers, 1987, p.25.

❷ 王海利：《古埃及女性地位考辨》，《西亚非洲》2010年第2期，第47页。

但上半身裸露，并将孩子用一块白色亚麻布做成的布兜包裹在妇女的怀中，布兜包裹着孩子的同时也将母亲的上半身包裹住，这样既方便哺乳也可以腾出双手进行其他劳作。

第三节　外族女性服饰

尽管古埃及处于一个相对封闭独立的地理环境中，在很长一段时间内远离外族的进扰，但关于古埃及与外族的接触交流的痕迹，却可以追溯到古王国时期甚至更早的前王朝时期。特别是与亚洲的叙利亚、巴勒斯坦等地区的交流。例如，在青铜时代的巴勒斯坦已经出现了来自古埃及的棋类游戏，而古埃及古王国时期的考古遗址中也发现了亚洲人生活的聚落。中王国时期，古埃及与周边文明的交流更为频繁，古埃及经典文学作品《辛努西的故事》(The Tale of Sinuhe) 就讲述了一位古埃及官员逃至亚洲的故事。❶

辛努西是一位法老的信使和助手，法老阿蒙涅姆赫特一世去世时，他正在国外执行任务。当他得知法老去世的消息时感到极大的恐慌和不安，便选择逃离古埃及，开始了一段漫长而波折的流亡生涯。在逃亡过程中，辛努西经历了诸多磨难，首先来到叙利亚，在那里他受到当地酋长的欢迎，获得了庇护和财富。随着时间的推移，辛努西逐渐融入了当地的生活，甚至娶了当地的公主，建立了自己的家庭。然而，尽管他在异国他乡生活得相对安逸，辛努西的心中始终怀念自己的故土。他的心灵挣扎表现出对家乡的深切思念以及对自己身份的反思。最终，得知新法老的统治稳定后，辛努西决定返回古埃及，重回故里。回到古埃及后，辛努西受到新法老的宽恕与接纳，重新获得了荣誉与地位。他的故事不仅是个人的流亡与归属的旅程，也是对法老统治和国家认同的深刻探讨。

而第十二王朝的古埃及为了解决大量亚洲游牧民族涌入的问题，在西奈半岛建立了要塞，并记录了往来的外国人信息❷，但是这也为王朝后期希克索斯等外族进入古埃及提供了便利。

---

❶ 郭丹彤：《古埃及象形文字文献译注（下卷）》，长春：东北师范大学出版社，2015年，第880−897页。

❷ G.D.Mumford, "Sinai" in D.B.Redford（ed.）, *The Oxford Encyclopedia of Ancient Egypt*, Vol.3, Oxford: Oxford University Press, 2001, pp.299−289.

　　古埃及艺术对亚洲游牧民族最早期的描述是在埃及中部贝尼哈桑地区的一座墓葬中。在这里记录了有一支亚洲游牧民族商队。他们以驴为交通工具，驴上驮着从古埃及购入的大量商品物资。这些亚洲人中有的上身赤裸，下身穿着及膝的短裙，短裙上有流苏装饰。有的穿着及膝的单肩束腰外衣，束腰外衣一侧固定于肩部，另半边躯干则暴露在外。商队中还有一些女性，她们穿着和男性同款式的长款束腰外衣，但相较于男性的服装，她们的衣物顶端紧贴腋窝，这样可以完全遮盖住胸部❶。这些衣物都由羊毛织成而非亚麻，他们作为游牧民族，羊毛是比亚麻更容易获取的材料，并且因为亚麻在长期的游牧迁徙中容易破损，而且沙漠昼夜温差大，夜间也需要羊毛服饰才能保暖。另外，与古埃及人喜爱赤足的习惯不同，商队中大多数人都穿着皮制的凉鞋。

　　古埃及人也与古埃及西部沙漠部落的居民保持联系。在古埃及文献，对于他们的名称很多，但现今学界通常称他们为利比亚人。利比亚人主要居住在撒哈拉沙漠东部边缘地带以及地中海沿岸的狭长地带，一部分利比亚人迁入古埃及境内并居住在西部沙漠的绿洲以及尼罗河三角洲附近❷。在古埃及艺术作品中，利比亚人有白皙的皮肤、红色的头发以及蓝色的眼睛，还有浓密而卷曲的头发以及蓄有短而尖的胡须。此外，利比亚人还喜欢在头上装饰羽毛，而作为游牧民族，箭袋也是他们经常佩戴的物品。利比亚女性通常只穿一件剪裁简单、有褶边的及小腿裙装，上半身裸露。她们的长发朝后梳理，在末端有一个大大的卷曲。利比亚人还会携带各样的弓、斧头、曲棍以及盾牌用于防身。与古埃及传统的方形圆顶盾牌不同，利比亚盾牌为长方形，在上下两端分别有V形收口。

　　与古埃及人交流最为密切的是来自南方的努比亚人。事实上，早在古王国时期，许多努比亚人就开始进入古埃及生活和工作，他们从事工作主要是仆人或雇佣军❸。到中王国时期时，努比亚成为对古埃及而言十分重要的一大地区。因为这里盛产黄金和牛❹。黄金是古埃及王室重要的消费品，而牛则为古埃及农耕提供了充足的生产力。此外，努比亚也是非洲奢侈品的重要来源，这里出产豹皮、象牙、各种香料、鳄鱼蛋和鸵鸟羽毛等。为了规范贸易秩序，古埃及在努比亚边境建筑了一

❶ P.J.Watson, *Costume of Ancient Egypt*, New York: Chelsea House Publishers, 1987, pp.54-55.

❷ 赵曙薇：《论古埃及和利比亚的关系（从史前文化末期到新王国）》，东北师范大学硕士学位论文，2004年，第3-5页。

❸ D.A.Welsby, "Nubia" in D.B.Redford（ed.）, *The Oxford Encyclopedia of Ancient Egypt*, Vol.2, Oxford: Oxford University Press, 2001, p.553.

❹ 同❸, pp.552-553.

系列的堡垒和要塞，以便监管努比亚人的流动情况❶。努比亚人只有在从事正当的商业活动时才被允许通过边境进入古埃及，并且在他们在进行完活动后必须返回努比亚。努比亚人的出入境情况均被边境监察官用莎草纸记录了下来。早期努比亚人的穿着极为简单，无论男女都上身赤裸，下半身穿一条缠腰布。他们的头发蓬乱，胡须稀疏，手执一根粗略修剪的树枝作为手杖。不过，在贵族阶层家庭中从事仆人工作的努比亚人就要穿得更好一些，例如女性努比亚仆人会穿及脚踝的长裙，裙子上还有几何纹饰，她们上身赤裸，有些会佩戴项圈和手镯。她们通常会把厚重的货物或容器顶在头顶，仅用一只手扶住，这一传统也延续到了现今非洲的很多国家。

亚洲人也是古埃及文献和艺术作品中经常出现的一类人群，古埃及语语境中的亚洲人，一般指来自叙利亚和巴勒斯坦地区的民族，也称为叙利亚人❷。然而，关于女性叙利亚人的描述并不常见，因此她们早期服饰类型无法考证。

新王国时期的叙利亚女性穿着亚麻制成的白色的裙装。这种裙子上半身通常无袖，并无太多亮点，通常会搭配披肩或马甲一同穿着，下半身的设计则比较有趣，它自上而下由好几层重叠的荷叶边组成，看起来就像依次叠穿了好几条长度不等的裙装❸。整个连衣裙的长度可以从小腿到脚踝不等，而长度越长，所叠的层数也就越多。这些裙子的袖子都很短，但很少有人会把披肩披在肩上，即使是在十八王朝的早期，披肩的长度足以遮住整个手臂。裙子上半身还有一条绶带，这条带子绕过后背，刚好在胸部下方交叉，并穿过肩膀，束在脖子后面。与努比亚妇女类似，她们也会在后背背一个编织篮放置年幼的婴儿，篮子中的小孩子通常赤身裸体，而稍微年长一点的小孩，会穿着衣物，他们的衣物就是成人服装的微缩版，并无其他特别之处。

❶ 葛会鹏：《论古埃及南部要塞的功能及其影响》，《东北师大学报（哲学社会科学版）》2018年第4期，第126-127页。

❷ A.Leahy, "Foreign Incursions" in D.B.Redford（ed.）, *The Oxford Encyclopedia of Ancient Egypt*, Vol.2, Oxford: Oxford University Press, 2001, p.549.

❸ P.J.Watson, *Costume of Ancient Egypt*, New York: Chelsea House Publishers, 1987, p.60.

古埃及服饰研究

第四章

古埃及服饰风格流变

由于古埃及炎热的气候，从前王朝时期开始，古埃及人就开始穿轻薄、透气的衣服❶，这是对其服饰简洁性特点的最好说明。古埃及人的生活环境很少发生变化，尼罗河每年定期泛滥，灌溉沿岸的土地，留下肥沃的、可以耕种的淤泥，炎热的太阳烧烤着大地，几千年如一日，几乎没有发生显著的变化，就是在这种变化很小的环境中，古埃及文明产生发展，直到最后衰亡。因此米拉认为"艺术、哲学、服饰的特性基本上是由古埃及人对生命静止的观念支配着，所以就外在特点来说和宗教一样没有发生本质的变化"❷。

　　古埃及的炎热气候使得一般的埃及人只穿简单的服饰，在"将近三千年的时间里，权力只是在法老之间传递，在这个过程中，古埃及文化的很多因素是很相似的，包括他们的传统服饰"❸，这说明古埃及人服饰具有统一性的特点。Shendyt短裙是这种服饰的典型代表，这种裙子是古埃及数千年来男性服饰的基础，尽管古埃及经历了三十多个王朝的更迭，并且其中不乏外族建立的政权，但是这种基本的服饰一旦创立，"这种由亚麻制作的服饰在类型和制作材料上就没有发生太大的变化"❹"这种短裙一般从右往左缠在腰间"❺。虽然变化不大，但是轻微的改变也是存在的，总体来看，古埃及服饰经历了由简到繁的发展过程，"这种裙子刚开始的时候非常短，并且在平民中一直都是如此，但是在上层阶级中它逐渐变长，一开始长及膝盖，然后到小腿，中王国时，甚至长及脚踝"❻。由于阶级和担任职位的不同，古埃及人的服饰在制作和搭配上又存在着多样性。"王室人员的服饰不同于朝臣的服饰，贵族管家的服饰又不同于仆人、牧羊人和水手的服饰"❼。"古埃及的法老和他的朝臣一旦制定服饰标准，很快就被他们下一级的官吏模仿，从而迫使他们

❶ Eugen Strouhal, *Life of the Ancient Egyptians*, Liverpool: Liverpool University Press, 1996, p.77.

❷ Mila Contini, *Fashion from Ancient to the Present Day*, New York: the Odyssey Press, 1965, p.18.

❸ Sara Pendergast、Tom Pendergast, *Fashion, Costume and Culture*, Vol.1: *the Ancient World*, *The Oxford Encyclopedia of Ancient Egypt*, U·X·L Press, 2004, p.12.

❹ Francois Boucher, *20000 Years of Fashion: the History of Costume and Personal Adornment*, New York: Happy N.Abrams, Inc Press, 1967, p.92.

❺ Adolf Erman, Translated by H.M.Tirard, *Life in Ancient Egypt*, London: Macmillan and Co.Press, 1894, p.202.

❻ 同❶, p.78.

❼ 同❺, p.201.

采取新的标准。"❶另外，古埃及的服饰大多更注重遮盖身体的下半部分，使得上半部分裸露出来，不但男性的服饰如此，古埃及的女性服饰也存在这种特点，通过壁画我们很容易发现，很多古埃及女性的服饰都裸露着上半身。

总体来看，在驱逐希克索斯人以前的一千多年间，古埃及的服饰变化比较小，这一时期古埃及的服饰一般由亚麻布制作，无论男女都穿着从第一王朝就确定了的衣服款式，这种衣服一般是一种紧身的长袍，包裹住身体，裸露肩膀，突出臀部和腰部的曲线，使得整个人显得特别修长。随着希克索斯人的败退，一种新型的服饰出现，这种服饰是一种带袖子的束腰外衣或者叫作Casasiris。新王国建立以后，随着对外交流的加强，古埃及服饰的颜色和多样化都有所增加，在这一时期内，衣服的式样会迅速发生很明显的变化。在第二十王朝时期，在服饰方面，古埃及出现了一定程度的复古主义倾向，主要是参照古埃及第五和第六王朝的服饰风格，这种复古倾向主要体现在假发和长袍上。

古埃及人的服饰的式样会根据他们身份的不同而不同，本章讲述古埃及服饰风格流变主要从国王、世俗贵族和祭司以及平民这三个方面分析。

第一节　国王服饰风格流变

古埃及国王即法老的装束极为复杂，不仅包括平日所着的便服及各种饰品，还包括在不同场合下所持的物品，例如在举行不同仪式的场合下手持权杖以及安卡护身符等。在千年时光流转中，法老的服饰及装束也产生了细微差别。下面将对法老的服饰风格及变化进行介绍。

一、常服

古埃及法老最常见的服饰是shendyt短裙（▨），这种短裙的基本构成部分是一块长方形的布，把这块布直接缠住下半身，再用一根腰带把它固定在腰间，有时候他们连腰带也不用，直接把这块布裹在腰上，把这块布的外部重叠部分掖在腰

❶ B.M.C., "*The Dress of the Ancient Egyptians（Ⅰ）: In the Old and Middle Kingdoms,*" *Bulletin of the Metropolitan Museum of Art*, vol.11, 1916（8）, p.166.

上，这种短裙使腿部活动比较自由，方便古埃及人的祖先采集和打猎。几千年来，shendyt短裙一直是古埃及法老、大臣、祭司甚至平民服饰最基本的构成部分，在整个古埃及历史上，服饰的发展变迁不过是在此基础上的增减，基本上没有超越这种短裙的内容。这种短裙使腿部活动比较自由，方便古埃及人采集和打猎。

为了宣传国王的强大，在大部分法老坟墓的壁画和雕塑中，古埃及国王被描绘成高大威猛的男性的形象，但是在阿蒙霍特普的一件雕塑中，法老被刻画成一个肥胖的老人，很有可能这座雕塑是用写实的手法在描绘国王在平时生活中的形象，如此他穿的衣服应该是相对休闲的闲服。在雕塑中，阿蒙霍特普三世身穿一件长及脚背的、底部带流的束腰外衣，他的上身穿着一件罩袍，罩袍盖住了束腰外衣的上半部分，这件罩袍布满垂直的褶皱，前方开襟，胸前有一根腰带系住。这种风格的衣服在叙利亚、巴勒斯坦地区比较常见，很有可能这一时期古埃及法老的服饰受到来自西亚的其他民族的影响。

在哈特舍普苏特统治时期，当她在朝堂和仪式中出现时，她一般被描绘成男士，穿着古埃及法老的服饰，她可能是想通过这种方式向古埃及人展示她统治的合法性与合理性，但是唯一的例外是位于德·埃·巴哈利地区属于她的神庙中，被真实地描绘成女性，身穿典型的古埃及女性衣服。她穿的这件紧身衣，上部到达胸部，下到小腿中部，有两根带子把这件衣服系在双肩上，很好地展示女性的曲线美。

二、朝服

最初的时候，古埃及人的服饰只是一件缠腰布，法老、大祭司和其他有身份人的缠腰布一般由亚麻纤维制作，普通人的缠腰布则由皮革或者植草制作。

古王国以前，在朝堂上或者仪式中，古埃及法老基本的服饰是shendyt短裙，这种短裙一般由一块长方形的布构成，穿的时候只需要把这块布缠在腰上，把外侧披在腰间，这样就可以把这块布裹在身上，然后用一根腰带把这块布的上部绑在腰上，或者用一根肩带把它绑在肩膀上。制作这种短裙和带子的材料是亚麻布，亚麻布由亚麻制作，具备轻薄透气的特点，为古埃及人所喜爱。著名的蝎子王权标头上蝎子王穿着一件shendyt短裙，用一条带子绑在左肩上，双手拿着木锄头，这种锄头一般是用来开凿河渠的，象征着土地的肥沃和谷物丰收。

古王国时期，古埃及法老的这种短裙变得稍微复杂一些，这一时期法老的这种裙子由两部分构成，主体部分裹住臀部，在身体的前方裁剪成三角形的裸露，同时

古埃及服饰研究

在这件衣服内部从腰带上悬挂一块由上到下逐渐变窄的护裆布,这样正好能遮住主体部分的三角形裸露。这一时期法老的短裙的另一复杂之处是褶皱的出现,通常情况下,这种短裙的主体部分的褶皱呈发散型,即这种褶皱由腰带部分向外扩散,而前部的护裆布的褶皱一般呈水平状,出土于吉萨地区的属于第四王朝国王蒙卡拉(Menkure)的雕像中,国王就穿着这种褶皱短裙,站在哈托尔女神和象征上埃及第七州的女神中间。除此之外,这一时期国王有时候会在短裙的前方装饰一个三角形的小围裙,三角形的一脚披在腰带上,悬挂在腰前。古埃及人可能用特殊材料对这种小围裙进行过硬化处理,因为从雕塑和壁画来看,这种小裙子大多数被刻画得直立性比较强。

除了这种短裙以外,古王国时期的另一种常见的衣服是长袍,这种衣服在古埃及早王朝时期就已经出现,古王国时期更加常见,很像我们现在的睡袍,它通常长及小腿中部,在身体的前部折叠,领口较宽大呈"V"字形,背后的衣领直立形较强,可能出现了折叠衣领。

中王国时期,shendyt短裙依然十分流行,依然使用腰带或者肩带绑在身上,三角形的小围裙依然存在并且更加复杂,很多的法老在这种小裙子上装饰各种饰物,常见的是在小围裙的外部加上一条绑在腰带上的小标签,这种标签上一般会附带有眼镜蛇的形状,在古埃及,人们认为眼镜蛇是神,把它悬挂在腰上可以起到保护作用。

古埃及法老有举行塞德节( )的习俗,塞德节是从古埃及前王朝时期就已经存在的节日,据说在前王朝时期,一般国王在统治三十年以后就会变得老迈,这个时候很容易被谋杀篡权,所以一般在国王统治三十年时会举行塞德节,实际上很多法老在位不到三十年的时候就举行已经塞德节了。通过塞德节的举行,国王向他的人民证明他依然很强大,能够继续进行统治,同时警告身边存在野心的人打消他们篡权的阴谋。中王国时期,在举行塞德节时,古埃及国王会穿一种很特别的衣服,这种衣服一般是一件束腰外衣,通常长及膝盖,并且有长达手腕的袖子,这种衣服布满水平的褶皱。古埃及国王在举行塞德节的时候,一般会制作雕像纪念,所以古埃及保留下来很多身着塞德节服饰的法老雕像。孟图霍特普二世的塞德节雕像❶就是身穿上述的这种束腰外衣,双手在胸前交叉。

新王国时期,"很多新的影响因素出现,古埃及人的服饰发生了急剧的变

---

❶ 孟图霍特普二世的这件雕像出土于它位于代尔巴赫里(Deir el-Bahri)的埋葬间,由砂岩制作,高138厘米,现藏于埃及开罗博物馆,编号 JE 36195。

化"❶，法老会继续穿shendyt短裙和齐膝的带三角形围裙的裙子，但是在穿齐膝短裙时，他们会在三角形围裙外的腰带上挂上一个小袋子，在这个小袋子上经常会挂着眼镜蛇神的象征物。有时候法老会同时穿着这两件衣服，并且往往把shendyt短裙套在外边，这样层次感就会很明显。新王国时期法老还有另外一种服饰搭配方式，他们会在这种带围裙的裙子里套一件透明的长裙，用一根肩带把这两件衣服绑在肩膀上。

　　这一时期法老的服饰除了增加上述带小袋子的短裙外，还包括一种长及脚踝的透明的长裙，这件长裙的上半部分类似披肩遮住双肩，袖子长达肘部，在胸前系住，用几根彩带把它系在腰上，在衣服的边上点缀有红黄相间的点。这种衣服被称为"朝服"，不止古埃及法老会穿，古埃及的王室成员也会经常穿这种衣服。

　　第十八王朝时期，古埃及法老埃赫那吞进行了宗教改革，他废除了之前古埃及的阿蒙神崇拜，只允许崇拜阿吞神，为了与过去的宗教崇拜彻底断绝关系，他对埃及的服饰也进行了变革，这一时期法老经常穿布满褶皱的衣服，这种衣服后部长及膝盖，上方高于腰部，在前部则比较窄，下方仅达大腿中部，上部在腰部以下。这种衣服使法老的腹部十分突出。为了使前方不至于看起来太单薄，古埃及法老会在衣服的前部腰带上悬挂一条很宽的带子，带子上装饰各种护身符。埃赫那吞留下很多进行宗教宣传的浮雕，其中的一块描绘了埃赫那吞一家人沐浴阿吞神光辉的情景❷，向我们展示了法老和他的妻子奈菲尔提提（Nerfertiti）身着这种服饰的情形，他的这件褶皱短裙后部高达后背的中部，下达膝盖，与此相比前部则比较窄。著名的"图坦卡蒙的黄金王座"上刻画的法老也是身着这种衣服。

　　图坦卡蒙坟墓的挖掘使得大量震惊世界的文物出土，大多数人把关注点聚焦在他的黄金面具和镶有金制饰品的王座上，所以很少有人知道图坦卡蒙的坟墓中还出土了数百件衣服，包括"大约一百件带腰带的短裙、几件内衫和短款束腰外衣、数十件孩子的衣服、三十只手套、一件祭司的豹皮衣服和两件带有镀金和纯金制作的爪子的仿豹皮衣服"❸，这些文物为我们研究古埃及新王国时期的服饰提供了大量实物资料，其中最著名的要数霍华德·卡特（Howard Carter）在图坦卡蒙的储物间发现的一件衣服，这件衣服由一整块上好的亚麻布制作，衣服底边上装饰有流苏和刺

---

❶ B.M.C., *The Dress of the Ancient Egyptians（Ⅴ）Ⅱ: In the Empire, Bulletin of the Metropolitan Museum of Art*, vol.11, No.1916（10），p.211.

❷ 这块浮雕出土于阿玛尔纳地区，高32.5厘米，由石灰岩制作，现藏于德国柏林埃及博物馆。

❸ Hilip J.Watson, *Costume Reference: Costume of Ancient Egypt*, New York: Chelsea House Publishers Press, 1987, p.34.

绣，把这块亚麻布从中间折叠，把两边缝合起来，在折叠线的下方裁剪出一个套头的领口，同时在领口的正下方剪开了一道裂口，以提供更大的空间套头。这件衣服的袖子是后来缝上去的，袖口较窄，而与之形成鲜明对比的是这件衣服的其他部分比较宽大，这么宽松的衣服穿在身上时应该会有一条腰带把它收窄。图坦卡蒙的坟墓中出土的手套大部分装饰有褶皱和称心仪式的主题的刺绣，埃及天气比较暖和，很明显这些手套不是为了御寒，它们可能是在射箭时戴在手上使用的，这样可以防止弓箭对手的伤害。

图坦卡蒙墓出土的衣服还有着另一个特点，即用刺绣技术对衣服的领口和边角进行包边处理，这样就使衣服的领子更加有型，并且在领口的刺绣中，保留有一个包含图坦卡蒙名字的王名圈，这都说明了古埃及服饰制作的先进。

三、战服

古埃及国王为了展示自己的武功，经常在自己的神庙中通过壁画或者雕刻展示自己在战争中的英勇，特别是新王国时期，随着古埃及对外战争的增加，描述战争题材的这类作品更多。

古埃及法老在参加战斗时会穿着特定的服饰，最常见的是一件由亚麻布制作的外套或者装饰有石头、金属制作鳞片的皮革衣服，有时候法老会穿一件带有各种颜色条带子的甲胄。在蓝王冠产生以后，古埃及的法老在战斗中经常被描绘成头戴蓝王冠的形象，这种王冠有时候也被制作成白色或者红色。

通过混合亚麻布和其他材料，古埃及人创造出一种轻型甲胄，可以对身体起到保护作用，这和古埃及武士使用的粗糙武器相一致，也能适应埃及的气候特点。

著名的纳尔迈调色板❶描绘了前王朝时期纳尔迈进行统一古埃及的战争的情形，在调色板的正面古埃及国王身着shendyt短裙，在裙子前部的腰带上悬挂着四根小标签，裙子后方的腰带上挂着条牛尾，牛在古埃及人的意识中是强壮和力量的象征，戴牛尾象征着古埃及法老和公牛一样强壮，像公牛一样战斗。除此之外，他还戴着象征上埃及王权的白王冠（Hedjet），除此之外，还有一个明显的细节，即在国王的身后还有一个专门负责拿着国王鞋子的仆人。在调色板的背面，国王的服饰和正面几乎一样，唯一的不同是背面的纳尔迈戴着的是象征着下埃及王权的红

---

❶ 纳尔迈调色板出土于埃及希拉康波利斯（Hierakonpolis），高64厘米，由片岩制作，属于第一王朝的纳尔迈，现藏于开罗埃及博物馆，编号CG14716。

王冠。

新王国第十八王朝国王图坦卡蒙的坟墓中出土了一件木板，这块木板上描绘了国王图坦卡蒙参加战争时的场景❶。在这一场景中，法老图坦卡蒙头戴着古埃及的蓝王冠，法老的前部装饰有圣蛇，在帽子的后方有一条黄色的彩带垂在背后；他的上身穿着一件胸甲，胸甲类似于古埃及祭司的豹皮衣服，布满斑点，系在上腹部；法老的脖子上挂着项圈，并且把项圈和上衣织在一起；法老的下半身穿着流行于其父辈埃赫那吞改革时期的短裙，这种短裙充满褶皱，身体的后方的部分比较宽大，遮住从腰部以上到膝盖的部分，但是在身体的前部则比较窄，在腰带上悬挂着一件彩色的护裆布，这件短裙的腰带比较长，在身体前部打结后，多余的部分飘向身体的后方，说明战车可能在向前疾驰；法老身体的右侧挂着一个箭筒，里面装满了箭，国王在疾驰的双驾马车上用箭射向敌人，这块木板上描绘的是典型的法老参加战斗的场景，他所穿的衣服也应该是古埃及新王国时期的法老在战争中常穿的服饰。

四、装饰

古埃及人的衣服一般都带有配饰，即使是相对贫穷的古埃及人也会佩戴项圈、手镯和耳环。"穷人的饰品一般由便宜的材料制作，比如青铜或者彩陶（一种彩色的加釉质的陶器）；富人的首饰一般由金银、宝石和玻璃等精致的材料制作。"❷

（一）头部装饰

除了衣服以外，古埃及人发明了各种饰品来装饰自己，特别是在上层富裕阶层，他们经常佩戴数量众多的饰品。"前王朝时期，古埃及人已经开始用骨头、蛋壳、象牙、动物的牙齿、贝壳等有机材料制作珠子和垂饰，后来这种制作材料扩大到各种石头、烧纸的陶器，从巴达里文化开始，古埃及人也开始用铜块来制作饰品"。❸

古埃及王冠是法老非常重要的装饰，也是他们权力的象征，古埃及法老经常佩戴四种王冠，即白王冠、红王冠、蓝王冠以及由白王冠和红王冠组合而成的双

❶ 这块木板出土于西底比斯的帝王谷，第十八王朝法老图坦卡蒙的坟墓中，由木头制作，高44.5厘米，现藏于埃及开罗博物馆，编号JE 61467。

❷ Jane Bingham, *A History of Fashion and Costume*, Vol.1: *the Ancient World*, Dover:Facts on File and Inc, 2005, p.11.

❸ Eugen Strouhal, *Life of the Ancient Egyptians*, Liverpool: Liverpool University Press, 1996, p.82.

王冠。

1. 白王冠

白王冠（𓋓）在古埃及被叫作"Hedjet"，它是上埃及的标志，代表着国王对上埃及的统治权力。据考证，白王冠的形象最早出现于努比亚的库斯图尔（Qustul）地区，另外，在涅伽达（Naqada）三期文化时也已经出现了类似白王冠的东西，到目前为止还没有真实的白王冠出土，所以对白王冠的制作材料还不得而知，但是根据它的颜色和形状猜测，白王冠很可能是由较硬的亚麻布或者皮革制作。沃森形容白王冠的形状类似于"把橄榄球的一头截掉，另一头安装一个乒乓球"❶，由于白王冠十分修长，在佩戴的时候可能很容易滑落，所以法老一般会用一根绳子把它系在下巴上，在白王冠的前方有时候会有一条卷曲的蛇饰品，象征着对法老的保护。

作为上埃及的保护者，奈赫贝特（Nekhbet，古埃及圣书字写作𓇌𓂋𓃀𓅪𓏏）常被描绘成戴着白王冠的女神，鹰神荷鲁斯也经常被描绘成佩戴白王冠。在著名的纳尔迈调色板上，国王头戴白王冠，右手抓着敌人的头发，用左手的权杖去打击敌人。

2. 红王冠

红王冠（𓋔）在古埃及语中被叫作Deshret，是下埃及的象征，代表着法老对下埃及的统治权力。和白王冠一样，至今没有红王冠的实物出土，它很可能是由"芦苇或者某种编织材料制作而成"❷，红王冠的形状，上部类似于"L"字形，在"L"字形的弯曲处有一条卷曲的芦苇伸出。在古埃及的壁画中，我们经常可以看到下埃及的保护神瓦杰特（Wadjet）戴着红王冠的形象，另外萨伊斯女神（Sais）和奈斯女神（Neith）也经常佩戴着红王冠。

3. 双王冠

在纳尔迈调色板的背面，国王头戴红王冠站在他的军队后面。很可能是在国王纳尔迈统治时期，古埃及实现了统一，为了适应这一变化的新形势，古埃及的国王开始使用双王冠，这代表着上下古埃及统一的实现，双王冠（𓋖）在古埃及语中叫作Sxmty，古希腊人把这种王冠叫作Pschent，代表着上下古埃及的统一，在整个古埃及历史中，我们都可以看到这种王冠的存在，在绝大部分国王的坟墓中，我们都可以发现国王戴着双王冠出现的形象，很可能在整个古埃及历史中，上下古埃及

---

❶ Hilip J.Watson, *Costume Reference: Costume of Ancient Egypt*, New York: Chelsea House Publishers Press, 1987, p.35.

❷ 同❶。

的统一一直是国家的重要事情。双王冠的下部是红王冠，它把佩戴者的头发全部遮住，白王冠从红王冠的顶部伸展出来，同时把红王冠的背脊和卷曲的芦苇秆露出来。

最早发明双王冠的法老可能是第一王朝国王美尼斯（Menes），我们所知最早佩戴双王冠的国王是捷特（Djet），双王冠非常的长，即使不是很重，也非常笨拙，毋庸置疑的是法老只会在特殊的场合它才会佩戴这种王冠，双王冠象征着古埃及法老对整个古埃及行使统治权力。

4.蓝王冠

除了以上三种王冠以外，古埃及还有一种王冠，因为它是蓝色的，所以被叫作蓝王冠（），这种王冠在古埃及语中被叫作Kheperesh，蓝王冠可能由皮革或者硬化的亚麻布制作，也有可能像红王冠一样由芦苇等材料编制而成。蓝王冠的表面布满小圆圈、太阳圆盘等装饰图案，在左右两侧有像耳朵一样突出的结构，正前方一般装饰有眼镜蛇保护神，蛇头部高昂，身体蜷曲成数个圆圈。当国王佩戴蓝王冠的时候，通常在"衣服的搭配上也会更加精致，这个时候国王一般会穿比较精致的带小袋子的长裙、束腰外衣或者其他遮住胸部的衣服，同时还要佩戴着很宽的项圈"❶。

"尽管在纪念碑中蓝王冠的佩戴中最早出现于新王国初期，但是在第二中间期时已经有铭文证明它的存在"❷，一块被发现于卡尔纳克神庙的属于第二中间期时法老奈菲尔霍特普三世（Nerferhotep Ⅲ）的石碑中记录了国王处死外国人和背叛者的情景，出现了这样一个句子"国王佩戴着蓝王冠（cprm m hprs）"；无独有偶，考古学家在孟图霍特普位于德·埃·巴哈利的神庙中也发现了一件有石灰岩制作的雕像❸，根据这座雕像的形态，我们大致可以判断出它是属于古埃及的第十三至第十八王朝。在这座雕像的右方的底部列举出了这一时期的法老的各种王冠，在铭文的第二行，写着Kheperesh（）的字样。这两处提到的蓝王冠均是作为一种帽子的定符而出现的，很多人认为这不能说明蓝王冠已经出现，这个词指代的是一种王室的帽子，但是至少这一时期这个后来被用来指代蓝王冠的符号已经出现了，并且在蓝王冠和这种王室的帽子之间存在着紧密的联系，"Khepresh是蓝王冠原始

---

❶ Tom Hardwick, *the Iconography of the Blue Crown in the New Kingdom, the Journal of Egyptian Archaeology*, Vol.89,2003, p119.

❷ W.Vivian.Davies, *the Origin of the Blue Crown, the Journal of Egyptian Archaeology*, Vol.68,1982, p.69.

❸ 这件雕像由考古学家Navilla和Hall在1903年4月发现，高29厘米，现藏于大英博物馆，编号BM 494。

的名字，或者换句话来说，这种王室的帽子是蓝王冠最初的形式，即蓝王冠的前身"**❶**，在整个第二中间期，这种王室的头巾在形式上并没有发生明显的变化**❷**。

到第十八王朝初期由于战争的增加，蓝王冠出现的频率也更高了，在形制上也更加像后来的蓝王冠，但是这时的蓝王冠也还处在变化之中，这一时期头巾的顶部的角看上去仍然十分生硬，不够自然。到新王国中期时，蓝王冠才真正发展成最后的形式，"最早佩戴这种标准的蓝王冠的法老是阿蒙霍特普一世，在图特摩斯三世时期，蓝王冠在法老的雕塑中得到广泛的应用，"**❸**女法老哈特舍普苏特和图特摩斯三世已经佩戴着发展完善的蓝王冠了。

值得一提的是，尽管蓝王冠是从王室头巾发展而来，但是新王国时期这种头巾并没有消失，直到图特摩斯三世时期，还有法老佩戴这种王室头巾，到阿玛尔那时期，我们可以经常看到奈菲尔提提和她的女儿们佩戴着这种王室头巾。而到了拉美西斯时代，这种王冠得到恢复，和蓝王冠一样，这一时期的法老也经常佩戴着这种头巾。

很多国王的雕像都是佩戴着蓝王冠的特别是阿玛尔那时期和拉美西斯时期，这种蓝王冠的出现代表着法老在战争中的胜利与对敌人的征服。

蓝王冠不仅与战争有关，它可能也与古埃及法老继承存在一定的关系，"有足够的证据证明，蓝王冠也是作为一种加冕的象征而存在的，代表继承统治权合法性"**❹**，如果我们把蓝王冠雏形时的王室头巾和第二中间期动荡的社会环境相联系，很可能得出的结论是，这种王室头巾可能也与王权的稳固存在一些联系。蓝王冠也是国王向神供奉祭品的时，特别是"当国王向载着众神的圣船供奉的时候"**❺**需要佩戴的一种饰物。

5.头巾

古埃及法老的头饰除了以上王冠以外，还有一种叫作Nemes的头巾，这种头巾在古埃及语中写作（𓈖𓏏𓇓），它一般"由浆硬了的亚麻布制作，还有一些由皮革

---

❶ W.Vivian Davies, *the Origin of the Blue Crown, the Journal of Egyptian Archaeology*, Vol.68,1982, p.71.

❷ W.Vivian Davies, *the Origin of the Blue Crown, the Journal of Egyptian Archaeology*, Vol.68,1982, p.73.

❸ Tom Hardwick, *the Iconography of the Blue Crown in the New Kingdom, the Journal of Egyptian Archaeology*, Vol.89,2003, p117.

❹ 同❶, p.75.

❺ 同❸, p117-118.

115
第四章 古埃及服饰风格流变

和其他比较硬的材料制作"❶，这种Nemes一般呈条纹状，有时候在前方装饰有眼镜蛇以保护佩戴者，这种头巾佩戴在头上的时候可以覆盖住双王冠和后颈部，它的两个侧翼一般掖在耳朵之后，垂在胸前。举世闻名的图坦卡蒙的金面具上就有这种头巾的出现，另外一个比较有名的佩戴这种头巾的纪念品是位于阿布辛贝（Abu Simbel）的拉美西斯二世的雕像，在这座雕像中，Nemes头巾是和双王冠一起佩戴着的。在左塞尔国王的一座雕像上，左塞尔王身着塞德节的服饰，把Nemes头巾套在假发的外部，遮住了假发的上半部分。还有一种类似Nemes的头巾，这种头巾在古埃及非常常见，"一般由亚麻布或者镶嵌着金子的皮革制作，戴这种头巾的主要目的是固定佩戴者的假发"❷。

在古埃及还有一些特定的头巾，这些头巾大多属于统治古埃及时间比较长的法老。这些头巾的配饰大多具有一定的象征意义，比如鸵鸟毛象征着来世的神奥西里斯，公羊角象征着创世神克奴姆（Khnum）。

（二）颈部装饰

古埃及人脖子上一般装饰有项圈和护身符，古埃及人的项圈多种多样，"短项链、单线项圈、多根线的项圈、护身符、垂饰，还有长达十英尺的宽项圈。"❸这些项圈不仅有装饰作用，还是佩戴者地位的象征，同时起到护身符的作用。

1.项圈

项圈是古埃及国王经常佩戴的一种装饰，在古埃及语中项圈读作Usekh（𓎛𓎱𓄹），它一般由彩色石头制作的珠子、彩陶和金属等材料制作而成，这些珠子被制作成各种长度的珠串，然后把这些珠串用线串起来，制作成半圆状环绕在脖子上，这种项圈一般比较大，佩戴在身上时可以覆盖住整个胸部，长及肩膀处，因为它呈半圆状，为了保持平衡，古埃及人一般会在后方悬挂一个相同重量的东西，以保持平衡。

古埃及人的项圈有一个从简单到复杂的发展过程，在古王国时期，古埃及的妇女喜欢佩戴一条很紧的项圈，这种项圈上一般只装饰有几个珠子；从中王国时期开始，王室人员和他们的妻子很喜佩戴宽大的、很多珠子串组成的项圈，在此时期，更加宽松的项圈开始取代上述简单的项圈，并且这个时候的项圈一般会悬挂一件护

---

❶ Hilip J.Watson, *Costume Reference*: *Costume* of Ancient Egypt, New York: Chelsea House Publishers Press, 1987, p.36.

❷ Sara Pendergast、Tom Pendergast, *Fashion, Costume and Culture*,Vol.1: *the Ancient World*, Detroit: U·X·L Press, 2004, p.33.

❸ Bob Brier、Hoyt Hobbs, *Daily Life of the Ancient Egyptians*, London: Greenwood Publishing Group Press, 2008, p.142.

身符或者彩色的石头，同时，古埃及人把更小装饰加入项圈中，以致很多时候这些小装饰把穿它们的线全部覆盖住，为了使项圈显得更加宽大，古埃及人会同时佩戴着几条项圈，以致把胸部的大部分区域都覆盖住；新王国时期，项圈上佩戴的垂饰更加复杂，从单一的护身符变成了各种比较大的饰板，这种饰板上往往包括多种要素，比如圣船上载着各种神的场景，圣甲虫推着太阳的场景等。

第十一王朝时期的一个项圈由九层饰物构成❶，均由上釉的圆柱形彩色珠子制作而成，这种项圈的主要颜色包括黄色、黑色和蓝色，同时点缀有绿色和白色。项圈的第一层和第六到第九层之间由圆筒状彩陶横向排列串在线上，并且除了第一层以外，其他几层上都装饰有各种吊坠；第二到第五层的彩陶竖向排列，两头分别用一根线串起来。

2.挂式胸饰

除了项圈，古埃及人也会在脖子上戴一种形状类似于中国的长命锁的胸饰，这些胸饰通常情况下是一件由金子或者铜制作的扁平的胸牌构成，这种胸牌上经常装饰具有象征意义的图案或者镶嵌有宝石和玻璃制品，佩戴时需要用一根绳子系在脖子上。在古埃及，珠宝是财富和地位的象征，但是古埃及人并不是从文明之初就喜欢宝石的，古王国时期，珠宝的制作相当简单，只有一些富裕的阶层佩戴在颈部的项圈上饰有珠宝。新王国时期，通过对外战争和贸易，古埃及对外交流加强，受周围其他文明的影响，珠宝变得更加流行，制作也更加复杂。这一时期很多古埃及上层和法老的坟墓中都有大量的珠宝出现。

3.护身符

古埃及人认为护身符是存在魔法的，这种魔法可以保护佩戴者的安全，护身符包括神祇的象征物或者有美好象征意义的符号构成。古埃及国王从前王朝时期就开始佩戴护身符，国王经常佩戴的护身符有很多，安卡（Ankh，古埃及圣书体写作♀）代表生命力和活力，古埃及的很多壁画展示了国王手持安卡十字的形象；荷鲁斯之眼（Udjat，古埃及圣书字写作𓂀），象征着保护；奥西里斯的杰德柱（Djed，圣书字写作𓊽）象征着繁荣的延续；伊西斯结（tit，圣书字写作𓎬）象征着死后重生；普塔神的权杖（Was，圣书字写作𓌀）象征着权力和力量；孕妇经常会佩戴保护自身和孩子安全的塔沃瑞特女神（Tawert，圣书字写作𓃒），以及象征着家庭保护神的贝斯神（Bes），年轻的孩子也会经常佩戴一只鱼形的护身符，据说可以保护他们

---

❶ 这件项圈发现于西底比斯地区的德·埃·巴哈利（Deir el-Bahari），属于第十一王朝，现藏于英国伦敦的大英博物馆。

避免溺水。中王国以后圣甲虫开始出现在古埃及的护身符中，古埃及人通过观察发现圣甲虫会破土而出，认为这是一种生命的重生，所以他们赋予了圣甲虫重生的概念，圣甲虫与太阳神拉有着紧密的联系。古埃及人相信，圣甲虫像太阳一样，朝着东边升起，象征着日复一日的重生与不朽。圣甲虫的形象被视为神圣的符号，传达着对生命循环的敬畏和对死后世界的希望。圣甲虫被认为是保护的象征，能够驱除邪恶与不幸。在古埃及，圣甲虫的形象常用于护身符和墓葬用品中，以保佑死者在来世中得到平安与幸福。圣甲虫的形象也被广泛用于护身符、首饰和器皿等物品中，古埃及人相信佩戴这些物品能够获得保护和祝福。常见的护身符形状是雕刻精美的圣甲虫，通常用皂石、费昂斯、青铜等材料制成。在葬礼仪式中，圣甲虫常被放置在棺材内，作为对死者灵魂的保护。人们相信圣甲虫可以引导死者的灵魂前往来世，帮助他们度过阴间的考验。这一做法也反映了古埃及人对来世的重视与信仰。

古埃及的圣甲虫崇拜不仅反映了古埃及人对生命、死亡与重生的深刻理解，也展示了他们对自然现象的观察与思考。圣甲虫作为一种象征，贯穿于古埃及的宗教信仰、艺术表现与日常生活中。这种护身符后来甚至传入西亚地区。法老会把圣甲虫护身符挂在胸前来表达美好的祝福和愿望。

图坦卡蒙的坟墓就出土了一件闻名世界的护身符❶，这件护身符的主体部分是一只由宝石制作的圣甲虫，圣甲虫象征着初升的太阳神凯布利（Khepri）。图坦卡蒙墓出土的这只圣甲虫长着鹰的翅膀和尾巴，在它的两侧是两条头顶太阳圆盘的眼镜蛇；圣甲虫的两只前腿支撑着圣船，在圣船的中央是荷鲁斯之眼（Udjat），象征着保护，在荷鲁斯之眼的两侧是另外两条顶着太阳圆盘的眼镜蛇，这两只眼镜蛇共同支撑着一弯新月和太阳圆盘，在太阳圆盘上雕刻着智慧之神托特神（Thoth），太阳神拉神（Re）和法老图坦卡蒙；这只圣甲虫的两条后腿被雕刻成了老鹰的爪子，鹰爪抓着戒指（Ω），这种戒指代表着永恒的保护，这两枚戒指分别系在一株荷花上；在这件护身符的底部是一些垂饰，这些垂饰主要包括荷花、莎纸草和罂粟花。

在古埃及人看来，他们的脖子饰物除了使他们更加美丽迷人以外，更大的作用是体现他们的社会地位和"魔法"对他们的保护。这种精神上的需求极大地满足了佩戴者的虚荣心，而这些饰物上雕刻的具有保护作用的神也时刻保护着他们的安全。

（三）手持物

在古埃及壁画和雕像中，我们可以看到大部分古埃及法老手里会拿着一些东

---

❶ 这件护身符出土于西底比斯帝王谷的第十八王朝法老图坦卡蒙的坟墓，由金银、宝石和玻璃制作，高14.9厘米，现藏于埃及开罗博物馆，编号JE61884。

西，这种手持物很多，它们每一个都代表着特殊的意义。

1.钩子和连枷

钩子（hekat，圣书体写作𓋿）和连枷（nekhakha，圣书体写作𓀀）是埃及王权和土地肥沃的象征，在一些重要的场合，比如朝堂和宗教仪式中，古埃及法老的两只手总是分别拿着钩子和连枷，他们是法老专属的东西。钩子一般由木头制作，在外层通常包裹一层黄金，"在壁画中它一般被描绘成黄蓝或者黄黑相间的条纹状，这中间的蓝色和黑色条纹可能是用来固定黄金层的青铜"❶。连枷的构造稍微复杂，它的握手呈镰刀型，在镰刀的刀头顶端，一般悬挂着三条带子，这种带子可能是由亚麻布条或者皮革制作，在这些带子上一般会系着很多的珠子，有时候在带子的下端会绑着流苏。

2.安卡符号手持物

安卡（Ankh）符号也是常见的法老手持物，在古埃及文化中，安卡符号是一种极具象征意义的符号，常被称为"生命之钥"或"永恒之钥"。它不仅在古埃及的艺术、宗教和日常生活中占据重要地位，也对后世的文化产生了深远影响。安卡符号的形状为十字形，顶部有一个环，底部有一个类似"Y"字形的结构，形象地代表了生命和永恒的概念。安卡符号的起源可以追溯到古埃及早期王国时期，或许最早出现在第一王朝，很可能是用布条和芦苇秆编制的。虽然具体的时间尚无确切考证，但它的使用在古埃及的艺术和文献中频繁出现，足以凸显其重要性。安卡符号的形状被认为是象征生命的，顶部的环代表了生命之气的进入，底部的"Y"字部分则象征着身体。在这个符号出现的早期和伊西斯结比较像，所以很多学者认为它可能也和伊西斯结功能相似，即用作护身符而起到保护作用，也有人认为它代表的是男性女性的生殖器官，从而进一步强调了生命的诞生和延续。

安卡符号的主要象征意义是生命与永恒。在古埃及的文化和宗教体系中，生命不仅仅指生物的存在，更是灵魂的延续和不朽。安卡符号不仅被认为是人类生命的象征，还是神明赐予人类的永恒生命的标志。古埃及人相信，拥有安卡符号就能够获得保护、长寿和再生的力量。在古埃及，安卡符号不仅象征生命，也与死亡和来世密切相关。许多墓葬中的艺术作品都描绘了神明持有安卡，向死者传递生命之气，象征着死者在来世中继续存在。与此同时，它在古埃及的宗教中被视为再生的符号，特别是在与奥西里斯相关的神话中。奥西里斯是死者之神，象征着农业的再

---

❶ Hilip J.Watson, *Costume Reference: Costume of Ancient Egypt*, New York: Chelsea House Publishers Press, 1987, p.37.

生与重生，常常与安卡符号一起出现，表明他对生命的控制和再生的力量。

安卡作为一种具有重要意义的符号，广泛应用于古埃及的艺术和宗教中。它的形象出现在神庙、墓碑、雕塑以及壁画中，常常与神祇、法老和日常生活场景相关联。在古埃及的壁画和雕塑中，安卡形状的手持物常被神明或法老所持，象征着他们对生命的控制和保护。这些艺术作品通常描绘了神明将安卡递给人类，表示赐予他们生命的祝福。

安卡符号的影响并不限于古埃及，其象征意义和形象在后世的文化中也得到了延续和发展。随着古埃及文化的传播，安卡符号逐渐成为古代地中海地区和非洲的一种重要符号。在当代社会，安卡符号被赋予了许多新的解释和文化含义。许多人将其视为与古埃及文化的连接，代表着对生命、死亡和灵性之间关系的思考。在一些灵性实践中，安卡符号象征着与宇宙能量的连接与和谐的生活方式。

安卡作为古埃及的生命之符，承载了深厚的文化和宗教意义。它不仅象征着生命和永恒的概念，也在古埃及的艺术、宗教和日常生活中占据重要地位。随着时间的推移，安卡符号的形象和象征意义在后世得到了延续与发展，成为许多文化中的重要符号。在现代社会中，安卡符号仍然被视为灵性、生命和文化认同的象征，展现出其持久的影响力和魅力。

3.权杖

法老的棍形手持物有很多，除生命之符外，古埃及法老的手持物还有was权杖，这种权杖的一头分叉成两部分，另外一头则被认为是古埃及神塞特的头像，这种权杖刚开始的时候只有神才可拥有，后来即使是普通人也可以使用这种权杖；另外一种典型的权杖是Skhm权杖，Skhm在古埃及语中是强有力的意思，还有一种类似的权杖是khrp（⚒）权杖，这些权杖都是古埃及国王的手持物。

4.权标头

还有一种古埃及法老经常拿在手里的饰物是权标头，这种权标由一个刻画着各种场景的梨形标头和一根木棍构成，把木棍插进标头的凹槽中，就形成了国王的权标。在很多壁画中，国王一只手扯着敌人的头发，另一只手拿着权标头打向敌人，可能这种权标头，只存在于仪式之中，象征着国王的权力，是政治宣传的需要。在真正的战争中，国王不可能用如此笨重的东西作为武器。著名的纳尔迈的权标头❶主体部分描述的场景是在国王面前一队人进行游行的场景，据学者推测这个场景可

---

❶ 这件权标头出土于希拉康波利斯（Hierakonpolis），属于第一王朝的纳尔迈国王，由石灰岩制作，高19.8厘米，现藏于英国牛津大学阿什莫尔博物馆，编号E.3631。

能描述是的塞德节，在这件权标头的顶部，奈赫贝特（Nekhbet）神展开自己的翅膀保护国王，国王戴着红王冠坐在一座高台上观看队伍游行。

（四）戒指

古埃及国王等上层阶级有佩戴戒指的习惯，他们所佩戴的戒指一般由各种金银、青铜制作，古埃及后期甚至有少量的铁制戒指出现，这些戒指上经常会添加上一些象征着美好愿望的饰品，最常见的戒指装饰是象征着重生的圣甲虫；有时候古埃及人会把各种神祇或者法老的名字刻写在戒指上，他们认为这么做会保护他们免受侵害。

除了金属之外，古埃及的法老和高级贵族也经常佩戴由石头和彩陶制作的戒指，当制作材料是石头的时，通常情况下使用的是相对柔软的皂石，这种石头利于雕刻，并且一般呈蓝色或者绿色，颜色比较好看。"彩陶戒指虽然比较容易制作，但是却比较脆，很容易破碎，这种戒指一般在比较大的聚会才会佩戴，比如说它们经常被作为礼物，在婚礼上被送给新人。"❶

（五）耳饰

古埃及人很早就有佩戴耳饰的习惯，保存至今的很多法老木乃伊的耳朵都可以看到用来佩戴耳环的穿孔，即使很多没有佩戴耳环的雕像上，也经常可以看见古埃及国王佩戴耳环的耳孔。第二中间期时，受希克索斯人的影响，古埃及人开始佩戴耳环，古埃及最早的耳环是用夹子把饰物夹在耳朵上的，后来古埃及人才开始在耳垂上打孔。"新王国时期，为了佩戴大型的耳环，古埃及人开始在耳朵上打更大的穿孔。"❷

（六）假发和胡子

埃及由于地处低纬度地区，阳光比较强烈且天气炎热，所以古埃及的国王和上层阶级为了防止晒伤和更加凉爽，养成了戴假发的习惯。假发不仅可以保护头部，还起到一定的装饰作用，同时假发也是一种身份的象征，"古埃及国王及上层阶级，无论是男性还是女性，都把假发当作衣柜里一件必不可少的东西"❸。这种假发通常情况下由专业的假发制作师或者理发师来制作，假发的骨架是由植物纤维编制的类似于一顶瓜皮帽的碗状东西，制作材料大部分为人类的头发和羊毛，少量的由植物

---

❶ Bob Brier、Hoyt Hobbs, *Daily Life of the Ancient Egyptians*, London: Greenwood Publishing Group Press, 2008, p.144.

❷ Eugen Strouhal, *Life of the Ancient Egyptians,* Liverpool: Liverpool University Press, 1996, p.81.

❸ Sara Pendergast、Tom Pendergast, *Fashion, Costume and Culture*, Vol.1: *the Ancient World*, Detroit: U·X·L Press, 2004, p.35.

纤维制作，例如亚麻纤维、棕榈树纤维等。这种假发大部分呈黑色，但是也存在少数其他颜色假发，新王国时期王后奈菲尔提提被描绘成戴着深蓝色假发的形象，还有一些节日的假发是镶嵌着金边的或者覆盖着金子的。即使到托勒密王朝时期，著名的古埃及女法老克里奥帕特拉还经常"穿着装饰有金子的亚麻布衣服，佩戴着各种颜色的假发和名贵的珠宝"❶。

中王国时期，古埃及国王的假发产生了一些变化。第一种变化是在古王国时期假发的基础上去掉了中分，还有一种假发不仅去掉了古王国时期的中分，还延长了假发的长度，把假发的一部分梳向前方，披在肩膀前部；女性法老的发型发生了更大的变化，她们的发型被分成了三部分，其中的两部分梳向肩膀前，可以长达肩膀以下，在头发的末端梳立成一个圆圈的形状，然后用一条彩带把后边那部分梳成马尾状，自然下垂在背部。但是，这一时期的假发"大多比较短，并且边角大多呈直角形"❷。

新王国时期的假发更加复杂精致，第十八王朝时期的假发看起来像戴着一件围巾或者帽子，这个时期的男性法老一般会同时戴两顶假发，他们的"假发发量变少了，同时假发的前半部分的长度长于后半部分"❸。女性法老在中王国时期的假发发式在新王国仍然流行，"在阿玛尔纳时期，一种短的简单发型开始恢复，就连王后也戴着这种简易的假发"❹，但是这种发型随着阿玛尔纳改革的失败而迅速衰落。

考古学家在德·埃·巴哈利地区（Deir el-Bahari）发现了一座古埃及第十二王朝时期的假发作坊，这间工作坊位于埃及第十一王朝国王孟图霍特普神庙（Mentuhotep）。工作坊中的物品说明古埃及假发制作已经专业化了，可能存在专门的假发制作场所和专门的假发制作工匠。为了把假发固定牢固或者遇到特殊的场合，古埃及法老佩戴假发时会戴着一块头巾，这就使得头部装饰更加烦琐。另外，"古埃及的法律禁止仆人们把头发刮光或者佩戴假发。"❺

前王朝时期，古埃及国王大都有蓄须的习惯。王朝的历史开始以后，古埃及国王开始刮胡子，"古埃及有身份的人鲜有留胡子的习惯，只有牧羊人是个例外，所

❶ Mila Contini, *Fshion from Ancient to the Present Day*, New York: the Odyssey Press, 1965, p.18.

❷ Francois Boucher, *20000 Years of Fashion: the History of Costume and Personal Adornment*, New York: Happy N.Abrams, Inc Press, 1967, p.95.

❸ Sara Pendergast、Tom Pendergast, *Fashion, Costume and Culture*, Vol.1: *the Ancient World*, Detroit: U·X·L Press, 2004, p.36.

❹ Eugen Strouhal, *Life of the Ancient Egyptians*, Liverpool: Liverpool University Press, 1996, p.84.

❺ 同❸, p.35.

以他们经常受到其他人的歧视，被认为是不洁的"[1]。古埃及人乌塞尔赫特（Userhet）在位于库尔纳地区（Sheikh Abd el-Qurna）的坟墓壁画向我们展示了埃及人排队剃胡子的场景，这些年轻人坐在折叠椅上，理发师正在一件装置上磨它的剃刀。

矛盾的地方在于，古埃及人认为胡子是身份的象征，也是他们男子汉气质的表现，为了保持自己比较干净的形象，又为了使自己显得与众不同，古埃及人开始佩戴一种很短的假胡子。"在古埃及只有国王和王室成员才可以佩戴这种长胡子，这是一种王室特权，但是古王国时期的很多高官也会如此佩戴，这可能是一种对王室权力的僭越。但是从中王国时期开始，古埃及的其他王室人员也开始在他的下巴上佩戴这种胡子，以展示他自己的高贵"[2]。在古王国和中王国时期这种假胡子很流行，"新王国以后这种假胡子很少见到，古埃及人认为这种胡子过时了，他们只在特定的仪式中才会佩戴"[3]，著名的女法老哈特舍普速特也有佩戴着假胡子出现的形象。古埃及的国王会佩戴一种假胡子，这种胡子比贵族官员的胡子稍长，这种"又长又窄的下部向前突出的胡子称为神祇的象征"[4]，为了把自己宣传成古埃及来世的统治者奥西里斯，古埃及国王也开始佩戴这像猪尾一样的长胡须，象征着活着的神，通常由一根绳子绑在耳朵上。位于卡纳克神庙的属于塞索斯特里斯一世（Sesostris Ⅰ）的雕塑中，法老也戴着这种很长的假胡子。

（七）护裆

护裆是古埃及男性法老的服饰的一个重要组成部分，这种护裆一般由染成条纹状的亚麻布制作，戴这种护裆的目的不是为了遮羞，而是为了保护身体器官。在古埃及，男性在穿衣服的时候一般会特别突出身体的前部，男性间最流行的服饰 shendyt 短裙，就是把一块布裹在腰上，这种短裙的装饰一般在前半部分。古埃及人之所以看重身体的前半部分是因为他们认为"生殖器官在再生中扮演着中心作用"[5]，所以他们把身体的这一部分用一块布遮起来，一般把这块布悬挂在腰上。

"一部分埃及学学者认为，古埃及著名的代表生命的符号安卡（ankh）可能与

[1] Adolf Erman, Translated by H.M.Tirard, *Life in Ancient Egypt,* London: Macmillan and Co.Press, 1894, p.225.

[2] B.M.C.,*The Dress of the Ancient Egyptians: I In the Old and Middle Kingdoms*, *Bulletin of the Metropolitan Museum of Art*, vol.11, 1916（8），p.168.

[3] 同[1], p.226.

[4] Eugen Strouhal, *Life of the Ancient Egyptians*, Liverpool: Liverpool University Press, 1996, p.84.

[5] Sara Pendergast、Tom Pendergast, *Fashion, Costume and Culture*, Vol.1: *the Ancient World*, Detroit: U·X·L Press, 2004, p.27.

古埃及法老在塞德节时穿戴的这种护裆有联系。"❶ 塞德节一般是在国王加冕三十年的时候举行，国王通常情况下会通过跑步和跳舞证明自己足够强壮，可以继续进行统治。

五、其他生活用品

（一）熏香

古埃及人喜欢熏香，这种熏香通常情况下由没药、沙漠枣（desert date）、松油脂、乳香和动物的脂肪等混合制作而成，这些原料很多来自国外，比如没药一般来自红海沿岸的蓬特（Punt）。古埃及历史文献多次记载，国王为了得到这些香料，而派出远征队和军队进行远征。通常情况下，古埃及人把这种混合物放在火上加热，以产生大量的香味，不止把服饰熏香，连房子也充满了香味。

（二）眼影

古埃及人有画眼影的习惯。埃及出土了很多属于前王朝时期的调色板，这些调色板一般由石头制作成椭圆形或者各种动物的形状。这种调色板中间一般会有一处凹陷，这种凹陷是调制颜料的地方。古埃及国王最开始用来制作眼影的材料是来自西奈半岛的孔雀石；前王朝结束以后，古埃及国王开始用来自阿斯旺或者地中海沿岸的方铅矿或者辉锑矿来制作颜料。这些制作颜料的石头一般保存在由帆布或者皮革制作的袋子里，当被磨成粉末以后，它们经常被保存在"贝壳、中空的芦苇秆、圆柱形的陶罐中。从第一中间期开始，蓝色的上釉的眼影罐子被专门制作，盛放这些眼影粉末，从第十八王朝开始古埃及人开始使用玻璃容器或者深绿色的上釉板岩器皿来盛放这些颜料。"❷

使用的时候，需要把这些粉末状的颜料放进调色板的凹槽中，加入植物油或者动物的脂肪，用鹅卵石拌匀，用薄木条或者石头金属等材料制作的小汤勺抹到上下眼睑上。这种眼影是古埃及人认为能进入来世的条件之一，所以在他们的坟墓中发现了大量的制作颜料的石块、磨成粉的泡沫和装这些东西的容器，同时在他们献给死人的贡品中，也经常可以发现这些东西。另外，由于强烈的阳光会伤害眼睛，这种眼影具有一定的反光作用，可以对眼疾起到一定的预防作用，同时把"眼睛的周

❶ Sara Pendergast、Tom Pendergast, *Fashion, Costume and Culture*, Vol.1: *the Ancient World*, Detroit: U·X·L Press, 2004, p.27.

❷ Eugen Strouhal, *Life of the Ancient Egyptians*, Liverpool: Liverpool University Press, 1996, p.87.

围涂上眼影可以使得眼睛看起来更大更加明亮"[1]，这种眼影对昆虫也有一定的祛除作用，可以防止昆虫进入眼睛。

除国王外，古埃及贵族和平民阶层的男女都有画眼影的习惯，在他们看来眼影还具有"魔力"，因为涂上眼影的眼睛象征着荷鲁斯之眼，而荷鲁斯之眼象征着保护，这可以保护他们远离邪恶力量，同时致敬保护母亲和生育的哈托尔女神。

古埃及国王也会运用红色的颜料来装饰他们的嘴唇和脸颊，同时这种颜料也用来染他们的指甲。考古证据和文献都证明古埃及可能存在处理皱纹的方法。

（三）鞋子

在古埃及的文献记录中很少提及鞋子，并且在古埃及的坟墓壁画中，古埃及的各个阶层，从法老到奴仆，很少有人是穿鞋子的，直到新王国时期的文献中，对鞋子描述的文字才开始出现在坟墓壁画中，而且这种出现比较突然。与古埃及服饰的发展相比，古埃及的鞋子则较少变化，并且不会因为性别的不同而存在差异。

古埃及国王的鞋子一般由木头、皮革、纸草和棕榈叶制作，当由植物制作的时候，鞋底上一般会有填充物，防止磨脚，这种鞋子大部分为凉鞋，由两部分构成——鞋底和鞋带，鞋带由三根带子构成。后来为了保护脚趾，古埃及人开始把鞋子前头制作成向后弯曲的形式，后来古埃及鞋子甚至发展出了鞋帮。

以法王为代表的古埃及的富裕阶层会在鞋子上装饰各种漂亮的饰物，有些古埃及人喜欢在鞋子的带子上缝上各种金属制作的鞋扣，甚至在鞋底上嵌入珍贵的宝石。法老图坦卡蒙的坟墓中出土了几双古埃及保存最完整的鞋子，其中的一双鞋上装饰有宝石，另一双鞋子上描绘有古埃及法老的敌人形象，这可能表示的是当法老穿着这双鞋的时候，他也在践踏他的敌人。

古埃及法老会用黄金制作鞋子，这种鞋子比较重，不可能经常穿，很可能只有在参加仪式的时候才穿，在古埃及人看来金子是"一种闪耀的并且不会腐烂的太阳的肉体，并且可以提供永生的力量"[2]。在国王和王后的葬礼中，通常情况下他们的尸体是佩戴着黄金制作的面具的，他们认为这可以让法老永生，不仅如此，有时候古埃及法老的棺椁会覆盖一层金子，甚至有些棺椁本身就是由黄金制作。

（四）护肤品

对于古埃及的法老等富裕阶层来说，皮肤的护理显得非常重要，他们对皮肤的

---

[1] Adolf Erman, Translated by H.M.Tirard, *Life in Ancient Egypt,* London: Macmillan and Co.Press, 1894, p.230.

[2] Sara Pendergast、Tom Pendergast, *Fashion, Costume and Culture*, Vol.1: *the Ancient World*, Detroit: U·X·L Press, 2004, p.41.

护理一般包括以下步骤：首先是清洗，古埃及经常会用非常刺激的肥皂清洗身体，这种肥皂可以祛除皮肤上的污物。第一个真正拥有实权，对古埃及进行直接统治的王后尼托克丽斯（Nitocris）就曾经告诉古埃及人民要经常洗澡，并要在洗澡的时候用黏土擦拭身子。其次，在祛除污物之后，古埃及法老开始在身上涂各种药膏和面霜来软化皮肤，其中包括可以使他们的皮肤散发香味的成分，为了保持皮肤的滋润，古埃及法老使用各种油性的物质涂抹身体，这些物质一般由动物的脂肪、蓖麻油和橄榄油制作，并且和花瓣以及其他物质混合，可以使这些物质散发植物的香味，"有证据显示，很多古埃及人都使用这种油，包括工匠和士兵" ❶。古埃及人也用油脂和芳香的花朵或者植物种子，制作出了简单的香水。

埃及的天气炎热，古埃及的法老等上层人物一般会把他们的头发和面部毛发剃掉，使皮肤光滑有光泽，这在古埃及是身份的象征。古埃及人很可能发明了一些世界上最早的护理产品，这包括"从祛味剂到牙膏等一些产品"，借此来使他们散发好闻的气味，提高他们的外在形象。

第二节　贵族与祭司服饰风格流变

一、世俗贵族服饰风格

在古埃及，国王以下存在着一个很庞大的贵族阶级，他们包括祭司阶层和世俗贵族，祭司的主要职能是服侍古埃及的众神，而世俗贵族则是负责执行国王的命令，对整个国家进行管理。上层的贵族官员包括宰相、财政大臣、谷物管理者、将领和各诺姆的诺姆长官以及高级书吏，这些贵族官员的服饰存在着一些共同点。对于他们来说最基本的服饰和国王一样是 shendyt 短裙，只不过在细节上有所差别。

从古王国时期留下来的坟墓壁画和雕像可以看出，这一时期大部分的贵族和高级官员只是穿着一件简单的 shendyt 短裙，这种短裙一般只到达膝盖以上，基本上没有经过漂白，一般由一根腰带系在身上，重叠部分一般是制作成褶皱型的，然后

---

❶ Sara Pendergast、Tom Pendergast, *Fashion, Costume and Culture*, Vol.1: *the Ancient World*, Detroit: U·X·L Press, 2004, p.40.

把重叠部分的垂直边线裁剪成弧形，为了重叠部分的美观，古埃及贵族一般会在披在腰带中重叠部分的角上用一个小标签卡在裙子的内层，这个小标签一般在腰带上部裸露一部分，这部分看上去像是一个刀把。有时候古埃及的贵族会在这种衣服上装饰一些流苏，这种流苏一般位于折叠部分的外层做成弧线的边上，或者在衣服的下边上。

古王国时期在贵族中间还有一种很流行的裙子，这种裙子一般是一块不经裁剪的长方形的布，直接把它裹在腰上，用一根腰带系在腰间，或者直接把重合部分的上角披在衣服的最里部。这件衣服的特殊之处在于，古埃及贵族会把这件衣服的重合部分的外层用特殊材料浆硬，这样穿在身上的时候，这部分会翘起来，增加衣服的立体感。古王国时期，可能这种裙子和上述的 shendyt 短裙适用于不同的场合。

这两种裙子有时候会由一个三角形的小围裙来装饰，这个小围裙的一个角挂在身体前部腰带的中间，其他两个角自然下垂，这种小围裙可能经过了浆硬的过程，因为它看起来直立性比较强。古王国时期的书吏为了书写方便，在他们交叉的两腿上也有这种小围裙出现，有学者推测，可能大部分古埃及的贵族穿戴这种小围裙的目的和书吏一样，为了在双腿上书写的需要。值得注意的是，shengyt 短裙上的这种小围裙和另一种短裙上的小围裙的长度有略微的差别，shendyt 短裙上的这种围裙一般只达膝盖以上，而另一种裙子上的这种小围裙却长及膝盖以下。古王国时期，大臣一般裸露着上半身，很少情况下他们会穿戴着一件项圈，或者把一条彩色的布条围在脖子上。

"从第六到第十二王朝的所谓黑暗时期，古王国时期流行的短裙除了变得稍微长一点以外，古埃及的服饰几乎没有什么变化。"[1] 中王国时期，贵族和大臣们继续穿上述的两种短裙，"为了使裙子变得更瘦和减少拘谨"[2]，一种新型的短裙也出现了。这种短裙仍然是一块长方形的布，但是在这块布的上边会坠有流苏。在穿的时候也和古王国时期有所不同，大臣们在穿这种短裙时，一般会把折叠处外层的上部系在腰带上，这样折叠出外层的两个角就会自然下垂，上部的角悬挂在腰带以下，而另一个角悬挂在下摆以下，这是中王国出现的与以往不同的一种短裙。

中王国时期除了上述短裙以外，还出现了一种长款的裙子，这种裙子上部可达胸部以下，下部长达小腿部位。在胸前折叠，在折叠处一般由小标签夹住。这种裙

---

[1] Adolf Erman, Translated by H.M.Tirard, *Life in Ancient Egypt,* London: Macmillan and Co.Press, 1894, p.205.

[2] 同 [1]。

子有时候会带有水平的褶皱和流苏。

在中王国时期，一种更加长款的贵族服装出现了，这种衣服一般由一件长方形的保暖布直接裹在身上，它可以覆盖脖子以下，小腿以上的部位。"这种衣服一般由亚麻布或者羊毛制作，可能是在夜里和天冷的时候作为保暖的衣服而穿在身上的"❶，这种衣服男女都会穿，但是当男性穿的时候，为了活动方便，他们一般会裸露一边的肩膀和胳膊，而女性穿的时候一般会遮住两边的肩膀。这种衣服的染色很有特色，它们会被染成各种颜色，绿色居多。在一件很有特色的这种长袍中，"衣服的颜色由上到下逐渐变淡，很可能是描述荷花的形象"❷，在古埃及人的仪式中荷花是很神圣的东西。在这种衣服的里边，很多古埃及的大臣喜欢穿一件shendyt短裙，因此很可能这种长款的衣服只是古埃及人在天冷的时候裹在身上的一种披风，不会经常穿在身上。

除了新款衣服的出现，中王国时期贵族们在裙子本身的美观和搭配上下了很大的功夫，其中很明显的是这一时期布满褶皱的shendyt短裙也出现了，而"这种形式的短裙在古王国时期只存在于法老的服饰中"❸。古埃及贵族有时候会在shendyt短裙外搭配套裙，这种套裙一般是用更好的亚麻布制作，呈半透明状长及小腿。这种裙子一般分为两种，第一种是一个充满褶皱的裙子，这种裙子有一个前摆向前突呈三角形，从这个三角形向外发散褶皱，另外一种不存在褶皱，这种裙子由一块长方形的布系在腰间，比较平直。

中王国时期的很多坟墓向我们展示了士兵的战服和打猎时穿的服饰，这种衣服一般是把一条长方形的围裙系在身后，方便双腿的自由活动，在这种裙子上一般系着很长一条腰带，这条腰带会围绕腰部缠很多圈，这样有利于牢牢地固定住这条围裙。古埃及的士兵在打仗的时候还会穿一种保护生殖器官的管子，他们把生殖器官放入管子中，把管子的顶部挂在腰带上，在管子的外部，他们会在前部的腰带上悬挂一件类似于小袋子的护裆。只有贵族成年人才会穿这种围裙护裆的小袋子，未成年人一般只穿着这条保护生殖器官的管子。

古埃及军队中的军官经常穿一件叫作卡拉斯瑞斯（kalasiris）的服饰的束腰外衣，在参与战斗的时候，他们会在这件衣服外部套上一件由皮革或者亚麻制

---

❶ Hilip J.Watson, *Costume Reference: Costume of Ancient Egypt*, New York: Chelsea House Publishers Press, 1987, p.16.

❷ 同❶。

❸ 同❶, p.13.

作的甲胄。很少一部分古埃及的军官会佩戴头盔，"拉美西斯二世的护卫莎大那（Shardana）是有头盔、甲胄和盾牌的"❶。

对于古埃及的普通士兵，他们在参加战斗时一般只穿一件缠腰布，这种缠腰布经常被染成各种颜色和斑纹。中王国时期，战士们在参战时一般会在这种缠腰布之外穿一件由皮革制作的小围裙，这可以为身体提供一定的保护，这件小围裙一般用革色的布带或者皮革绑在身上。一般认为古埃及的普通士兵是没有头盔的，为了保护头部，士兵在参加战斗时，经常在头上戴上一件厚重的假发，或者用亚麻布缠在头上。

"中王国时期，上半身的衣服开始出现。"❷很多古埃及的贵族会穿一件披肩，这种披肩由一块长方形的亚麻布制作，在胸前把这块布的四个角系在一起，形成自然的褶皱。他们一般是在出席宗教仪式的时候才会穿这种披肩。

除了衣服以外，中王国的时期的古埃及贵族也会在短裙以外搭配各种饰物，比如项圈和木头或者金属制作的胸饰，甚至还有他们的官方徽章。古埃及的宰相经常悬挂的官徽是象征着公平和正义的玛阿特女神（Maat）。

新王国时期，随着服饰制作工艺的进步，"更加丰富精致的充满褶皱的衣服出现，这些衣服用更加充满想象力的方式裁剪，更加丰富的材料制作"❸，在古埃及大臣的坟墓壁画和雕像中能够很好地反映出来。但是，新王国时期的坟墓大多被盗过，所以考古挖掘出来的衣服多数简单朴素，制作材料也比较平凡。考古证据和壁画雕像证据之间的鸿沟还需要进一步的材料来填充。

新王国时期，shnedyt短裙仍然十分流行，但是在形制上发生了一些变化，下摆的裁剪更多，同时裆前的遮羞布更窄，使得双腿的活动更加方便。

在第十八王朝国王埃赫那吞以后，受法老服饰的影响，古埃及的贵族开始把法老衣服的元素加进他们自己的服饰，他们穿的短裙充满褶皱，裙子的后方比较宽大，上部高过腰部，下部到达膝部；而在衣服的前部则比较窄，上方在腰部以下，下方只到大腿中部，这样就把腹部凸显出来了。这种短裙的内部，他们会穿一件布满垂直褶皱的裙子，这种裙子一般长达膝盖，此外，这种短裙还会搭配一件遮挡布

---

❶ Francois Boucher, *20000 Years of Fashion: the History of Costume and Personal Adornment*, New York: Happy N.Abrams, Inc Press, 1967, p.100.

❷ B.M.C.,*The Dress of the Ancient Egyptians: I In the Old and Middle Kingdoms*，*Bulletin of the Metropolitan Museum of Art*, vol.11, 1916（8）, p.170.

❸ Hilip J.Watson, *Costume Reference: Costume of Ancient Egypt*, New York: Chelsea House Publishers Press, 1987, p.37.

悬挂在腰带上。这种短裙在古埃及第十八和第十九王朝特别流行，很多大臣的坟墓和雕像中，他们都身着这种衣服。

"经常出现在法老面前的古埃及贵族的服饰比经常待在家里或者狩猎人的服饰更精致时尚"[1]。新王国时期在朝堂上面见法老的时候，大臣们会穿另外一种长连衣裙，这种裙子和古埃及女士的连衣裙非常相似，它的下半部分是充满褶皱的，在裙子的前方会系一件相当大的围裙，这件围裙也是布满褶皱的，但是这件裙子的上半身除了袖子以外是没有褶皱的，这种衣服在古埃及第十八和第十九王朝时期非常流行。在新王国时期著名的宰相拉赫米拉（Rekhmire）、王室医生总监内巴蒙（Nebamun）、王室传令官伊恩泰夫（Intef）有时候都会被描绘成穿着这种衣服。

新王国时期，宰相经常会穿着一种新式的衣服，这种衣服下摆长达脚踝，上方到达胸部下方，一般由带子系在胸部。鉴于中王国时期也出现过类似的衣服，所以这种衣服可能是古王国时期发展而来的，新王国时期的这种衣服和中王国时期的类似衣服的不同之处在于，这种衣服的前部没有开襟，可能是已经缝合成圆筒状的，在穿的时候只需要用一根带子把它绑在胸部。

shendyt短裙的搭配开始更多地和身份的高低相联系。新王国时期，古埃及的贵族大臣开始在短裙外部穿一种套裙，这种套裙通常长达脚踝，呈半透明状。根据坟墓的壁画和雕像可以看出，官职越高的人，他们身上所穿的这种套裙越长。另外这一时期的很多监工、书吏都会穿这种衣服，而一般的劳工则穿着简单的短裙，"这种长裙可能是区分体力劳动者和非体力劳动者的标志"[2]，而不是为了保暖和遮羞。

这一时期，很多古埃及贵族和大臣会在shendyt短裙外穿一件短袖连体裙，这种裙子一般会在腰部搭配一根腰带，这根腰带比较长，可以在腰上围很多圈。这种衣服的上半部分类似于现代人夏天穿的短袖，它的领口呈"V"字形带锁孔开口，根据下半身的长度这种连衣裙可以分成两种，一种是长达小腿的裙子，另外一种的下摆在膝盖以上。

古埃及的首席建筑师是大臣的一种，著名的建筑师伊姆霍太普（Imhotep）是左塞尔国王的金字塔的设计者。由于显著的才华和道德的高度，在他死后，古埃及人为他制作了各种雕像来纪念他。"在新王国时期，他被奉为神明和书吏以及贤者

[1] Adolf Erman, Translated by H.M.Tirard, *Life in Ancient Egypt,* London: Macmillan and Co.Press, 1894, p.201.

[2] Hilip J Watson, *Costume Reference: Costume of Ancient Egypt*, New York: Chelsea House Publishers Press, 1987, p.18.

的保护人，被认为是普塔神的儿子，代表着智慧和知识。"❶

二、祭司服饰风格流变

"根据职能划分，古埃及的祭司可以分成两种，一种是礼拜祭司，他们的主
要职责是侍奉古埃及的各种神；另外一种祭司是埋葬祭司，他们的主要职能是参
加死人的葬礼，向死者提供贡品，同时确保他们坟墓的完整"❷。根据等级划分，
古埃及的祭司可以分成高级祭司和低级祭司，古埃及国王是古埃及的最高祭司，
但是他通常情况下不会亲自去主持古埃及宗教的日常事务，而是让他的下级祭司
去履行他的职能，古埃及的高级祭司分很多种，讲经祭司（▯◻」）就是高级祭司
的一种，他的主要职能是负责古埃及神庙日常事务的记录和圣书的管理。古埃及
的低级祭司种类比较多，其中最低级的祭司是扫洒祭司（▯▤▨），他的主要职能
是负责神庙的杂事，他们和古埃及其他的低级祭司一起构成了古埃及神庙的主要
工作人员。

古埃及大部分的祭司平时的服饰是和贵族相同的，他们也穿着shendyt短裙
（▨），装饰也和古埃及的大臣相似。只有一些特殊的祭司在特殊场合下所穿的衣服
才比较特殊，古埃及祭司的衣服还有一个特点是它们的制作材料只能是亚麻布，因
为其他材料制作的衣服被认为是不洁的，而他们侍奉的神要求他们必须是纯净的，
同时他们一天需要在圣湖里洗两次澡。

古王国时期的壁画和雕塑上描绘的祭司大多身着shendyt短裙，在短裙的重合
部位是呈褶皱型的。这个时期的很多祭司的衣服有一个明显的特点，即衣服的底部
会有流苏点缀，有些祭司的衣服前部腰带上会挂有几根和短裙一样长的绳子，绳子
的末端也是流苏。这种流苏可能是古王国时期祭司参加仪式的需要，也可能仅仅是
为了装饰的需要。

古王国时期孟菲斯的祭司服饰是很特殊的，一位叫作哈巴乌索卡尔（Khabausokar）
的祭司坟墓中的壁画向我们展示了孟菲斯地区的祭司们的服饰，首先在颜色方面，
尽管主色调仍然是白色，但是他的shendyt短裙的折叠部分被染成黄色，另外它的
项圈很有孟菲斯地区宗教特色，他带着一件呈U字形的豺狼项圈，豺狼的前腿弯曲

❶ Alessia Fassone、Enrico Ferraris, Translated by Jay Hyams, *Dictionaries of Civilization: Egypt*,
London: University of California Press, 2007, p.16.

❷ Hilip J.Watson, *Costume Reference: Costume of Ancient Egypt*, New York: Chelsea House Publishers
Press, 1987, p.38.

呈祈祷的姿势，这是古埃及孟菲斯的祭司所特有的一种装饰方式。

古王国时期的祭司还有一种很有特色的衣服，这种衣服是由一根透明的带子和一件短裙构成，这根带子"宽五到八厘米"❶，被叫作讲经祭司的"肩带"，这根带子把短裙绑在祭司的肩膀上。虽然被叫作讲经祭司的肩带，但是这种带子并不是只有讲经祭司使用，很多其他的祭司的衣服上也经常会出现这种带子。

古埃及祭司最有特色的服饰是他们的豹皮衣服。通常情况下这种衣服是由一张完整的豹皮制作，很少裁剪，甚至连豹子的爪子和头部的皮也会得到保留。古埃及祭司在穿这件衣服的时候通常把豹子两条前肢的皮系在左肩膀上，尾巴垂在身后。有时候古埃及人会在豹皮衣服的里面穿一件shendyt短裙，有时候还会搭配一件三角形的被浆硬小围裙。有时候为了穿起来更加合身，这种豹皮衣服也会被裁剪，大部分情况下是把豹皮的前肢以前的部分剪掉，保留前肢系在左肩上，穿这种裁剪过的衣服，右肩膀就会自然裸露。有时候古埃及祭司会把这件豹皮衣服制作成围巾式的长方形挂在身体一侧，里面穿一件shendyt短裙，这种正方形的豹皮衣服制作材料并不是豹皮，而是由亚麻布制作而成，为了仪式的需要，祭司们把它染成豹皮的样子。

这种豹皮衣服至少在古王国时期就已经存在了，一件属于古王国第四王朝公主奈菲尔提阿贝特（Nefertiabet，写作𓏠𓏏𓏠）雕像的石碑❷描绘了她身穿一件经过裁剪的豹皮衣服，这件衣服长及脚踝，遮住了左臂直到手腕，右肩裸露，很明显她应该是第四王朝的一名祭司。

新王国时期这种祭司的衣服依然十分常见，位于西底比斯帝王谷中属于第二十王朝国王拉美西斯九世的坟墓描绘了塞姆祭司（Sem Priest）（𓌻𓊁）参加埋葬仪式的场景，在古埃及人的观念里，这种祭司"对于去世的人和神祇来说，是相当于他们的儿子"❸，塞姆祭司的头像可以很明显地反映出来他们的这种角色扮演，他们一般被称作"挚爱的儿子"或者"母亲的支持者"。这名祭司梳着向右垂的辫子，身穿一件没经过裁剪的豹皮衣服，我们可以从这名祭司的袖口看出豹子的前肢的爪子被完整地保存下来，豹子后肢的爪子位于祭司的双膝外侧，尾巴垂于他的身后。当他在葬礼中进行祷告的时候，"他通常用左手拿着豹皮的尾巴，

---

❶ Hilip J.Watson, *Costume Reference: Costume of Ancient Egypt*, New York: Chelsea House Publishers Press, 1987, p.40.

❷ 这件雕像石碑被发现于吉萨地区，现藏于法国巴黎卢浮宫。

❸ H.E.Winlock, *the Costume of an Ancient Egyptian Priest, the Metropolitan Museum of Art Bulletin*, Vol.27.1932（8）, p.186.

右手伸向逝世者"❶。

新王国时期，豹皮形式的衣服更加常见。著名的古埃及女法老哈特舍普苏特的神庙中的一幅壁画描绘了女法老身着女士长裙的形象。这件长裙的袖口是豹子爪子的形式，在裙子的底部正前方是豹子的两只后爪的皮，同时有两条豹子的尾巴分别缝在裙子的前后，这件裙子的主体部分很可能是由亚麻布制作，豹子的前后肢和尾巴只是缝上去的装饰，也有可能豹子的前后肢和尾巴也是由亚麻布制作。

截至目前，鲜有保存完整的属于古罗马统治之前的豹皮衣服，但是在美国大都会博物馆保存着一件罗马帝国皇帝尼禄（Nero）统治时期的塞姆祭司的豹皮衣服，虽然这件衣服属于公元后，但是很显然是由古罗马以前的服饰发展而来。这件衣服是由一个叫爱德华·史蒂芬·哈克尼斯（Edward Stephen. Harkness）的慈善家捐给大都会博物馆的，与这套服饰一同捐给博物馆的还有一张莎草纸卷，这张莎草纸卷和这件衣服属于同一时期。这两件物品属于一个叫哈内德（Harned）的祭司，这套衣服由一顶头巾和一件长袍组成，他们都由亚麻布制作，头巾部分被制作成头盔的样子，同时用胶和石膏粉混合起来浆硬，在头巾的一侧有一根假发垂下来。长袍是由一款布从中间折叠起来制作而成，把两边缝合起来。这块布被染成豹子皮的样子，来模仿真豹皮服饰，并且双面全被染成这种形式，这件衣服可能最初是有豹尾和豹爪的，但是后来均丢失了。虽然古罗马时期的豹皮形式的衣服可能与过去有所不同，但是基本上它们是一脉相承的。

除了豹皮衣服以外，新王国时期的塞姆祭司的另一种打扮是，上身穿一件由芦苇制作的披肩，下身穿着一件黄色条纹的长袍，有时候连芦苇披肩也不穿戴，只穿一件覆盖全身的黄色条纹长袍，这种装束在新王国时期的很多坟墓中都有反映。

除此以外，在有些仪式中，祭司必须穿戴着特定的装饰。根据场合的不同，这种装饰也各式各样。为了在来世继续生活，古埃及仪式中有一个非常有名的仪式——开口仪式（Opeing of the Mouth），古埃及人认为只有通过开口仪式，被制作成木乃伊的死人才能在来世继续呼吸并享用贡品，所以开口仪式相当重要，因为阿努比斯神是木乃伊的制作和守护神，所以在这种仪式中，古埃及首席祭司通常头戴着阿努比斯的面具，这面戏剧性的染过色的面具可以覆盖住祭司的整个头部和肩

❶ H.E.Winlock, *the Costume of an Ancient Egyptian Priest, the Metropolitan Museum of Art Bulletin*, Vol.27.1932（8），p.186.

膀，象征着阿努比斯为死去的人制作木乃伊以及提供保护。

古埃及祭司们衣服的制作材料是有严格规定的，根据希罗多德记载，"祭司们的衣服是全麻制成的，他们的鞋是用莎草纸制作的。"❶

第三节　平民服饰风格流变

古埃及的平民，根据职业可以划分成农民、工匠、手工业者、劳工、仆人和随从等。这些平民和古埃及的贵族及祭司一样，会在他们的坟墓建造上下很大的功夫，也会为自己的坟墓制作壁画和雕像。虽然它们远没有贵族坟墓建造的精致，陪葬品也不多，但是通过整理这些壁画、雕像以及随葬品，我们仍能对古埃及平民的服饰做出一个大致的描述。由于埃及天气炎热，大部分平民在工作的时候是赤裸着身体的。

根据埃及学家对埃及旧石器时代物品的分类整理，我们可以看出埃及这一时期的很多遗留的物品和小亚细亚半岛旧石器时代晚期的物品类似，他们推测这一时期小亚细亚文明"可能通过叙利亚地区渗入埃及"❷并对古埃及文化产生了影响；新石器时代的埃及保留下来的物品和亚洲的苏萨（Susa）地区很相似。据此大致可以推断古埃及早期一部分居民可能来自中东地区，"他们中的猎人和放牧者可能是第一批占据尼罗河谷和三角洲地区的居民"❸，他们的服饰和近东以及地中海地区的居民很类似，即"一种最初由皮革或者兽皮制作，后来由布制作的缠腰布"❹。

前王朝时期，古埃及大部分男性只在腰间系着一条腰带，在腰带上悬挂一条带状的遮羞布，"这种装束可能并不是为了遮羞，而只是为了保护身体器官"❺。即使到新王国时期，古埃及未婚的男性仍然是这种打扮，在新王国时期反对希克索斯（Hyksos）人的战争中，其中的一名叫作阿赫摩斯（Ahmose）的士兵在他的坟墓中写道："我仍然是一个年轻的男性，还没有娶妻，每一晚我和我的遮羞护裆相伴，

❶ 希罗多德：《历史》，徐松岩译，上海：上海三联书店出版社，2007年，第94页。
❷ Francois Boucher, *20000 Years of Fashion: the History of Costume and Personal Adornment*, New York: Happy N.Abrams, Inc Press, 1967, p.91.
❸ 同❷。
❹ 同❷。
❺ Eugen Strouhal, *Life of the Ancient Egyptians*, Liverpool: Liverpool University Press, 1996, p.77.

它由一条腰带系在我的腰上"。❶

古王国时期，古埃及平民，特别是农民，经常被描绘成裸体，不穿任何衣服。但是有时候他们会戴着一条围巾，这条围巾会像国王的尼米兹一样充满着褶皱。在古埃及，除了小孩以外，赤裸着身体一般会被认为是地位低下的象征，所以一般只有下层阶级才会被描绘成赤身裸体，富裕阶级认为赤裸着身体会让人把他们和古埃及的下层阶级混合在一起，甚至会使他们失去进入来世的特权，所以他们通常情况下是不会赤裸身体的。根据工作场合的不同，古埃及的平民在着装上存在着很大的差异。这一时期古埃及人衣服的制作材料大部分是亚麻布，很少情况下会用灯芯草编制短裙。

在陆地上的职业，比如农民、石匠以及制作泥砖匠等，他们倾向于穿更多的衣服，可能是为了保护身体的需要，他们的衣服在形制上和贵族的shendyt短裙很相似，即把一块半圆形或者长方形的布裹在腰上，用腰带系上。并且这种衣服很短，只到大腿中部。可能把这种衣服描绘成裹腰布更合适，这种衣服方便工人活动。古埃及平民也和贵族一样会在裆前的腰带上悬挂一条长方形的遮挡布。与上述劳动者形成鲜明对比的是献祭者、工头和乐器演奏者，因为工作性质的原因，他们"需要久坐，他们经常穿着一件到达大腿中部的shendyt短裙"❷。

对于在水中工作的人或者需要经常涉水的人，他们的衣服就更加简单了，他们一般只在腰上系一条腰带，在腰带的前方悬挂一条三角形或者长方形的遮羞布条，这些人包括捕鱼人、沼泽里的捕鸟者、芦苇和莎草纸收割者等，牧牛人有时候也会这么穿衣服，因为他们需要经常涉水。"但是当他们把产品送到谷仓和城镇的时候，或者拜访亲戚和神庙的时候，他们一般会穿上短裙"❸。

古王国时期，古埃及壁画中所描述的古埃及活人和死者的服饰也是不同的，死者的服饰通常情况下比较长，从腰部长及脚部。"古埃及的死去的人在贡品桌前接受活人的贡品时，通常穿着这种长款的裙子。"❹古埃及的老人也经常穿着类似的衣服，可能是为了保暖的需要。

---

❶ James Henry Breasted, *Ancient Records of Egypt*, Vol 2, Chicago: the University of Chicago, 1906, p.6.

❷ Hilip J Watson, *Costume Reference: Costume of Ancient Egypt*, New York: Chelsea House Publishers Press, 1987, p.7.

❸ Eugen Strouhal, *Life of the Ancient Egyptians*, Liverpool: Liverpool University Press, 1996, p.78.

❹ Adolf Erman, Translated by H.M.Tirard, *Life in Ancient Egypt,* London: Macmillan and Co.Press, 1894, p.204.

中王国时期，古埃及平民所穿的衣服和古王国很相似，体力劳动者的服饰仍然十分简单，大部分是一件简单的缠腰布，很特别的是，中王国时期，放牧人的衣服制作材料和风格均发生了一些改变，他们不再只穿一件简单的腰带和一块遮羞布。中王国时期他们的衣服更多是由芦苇、藤条、稻草等植草制作的裙子。他们用一条由藤条制作的腰带绑在腰上。这种裙子长度各异，短款的只到达大腿中部，长款裙子长达小腿中部，除此之外，放牧人有时候会穿着一件类似于旗袍的束腰外衣，这种束腰外衣可以包裹住除胳膊以外的全部身体。

新王国时期，大部分的平民还是穿着简单的缠腰布和短裙，这两种衣服一般是由亚麻布或者皮革制作。这一时期随着国王建筑规模的扩大，更多的平民去生产泥砖，泥砖工人的服饰很有特色，他们的衣服大部分是由耐磨的皮革制作，这种衣服一般是用一块皮革包住臀部同时用另一块狭窄的皮革条包住裆部，这种两部分组成的衣服更适合活动多的体力劳动者。新王国时期还有一种由皮革制作的衣服，这种衣服整体呈"T"字形，类似于现代人的三角内裤，由于是牛皮制作，所以穿在身上的时候可能会磨伤皮肤，所以古埃及人会在这种衣服的里部穿一件由亚麻布制作的漏斗形的内衣。这两种衣服在古埃及人的坟墓中经常出土。

拉美西斯时代，古埃及人的衣服在色彩方面发生了一些变化，更加喜欢颜色稍暗的衣服。古埃及的工匠经常通过混合颜料，把女性透明的衣服染成更加暗的颜色，这种稍暗的颜色受到这一时期的女性的欢迎。

这一时期新式的短裙也出现了，这种短裙的右半部分很长，可以达到膝盖以下，而它的左半部分却很短，前半部分很宽，可以遮住裆部。这种裙子一般由腰带绑在腰部，或者直接掖在腰间。

"尽管缺乏直接的证据，但是在古王国时期古埃及肯定存在一定的常备军……中王国时期，尽管有证据证明常备军的存在，但是军队的规模比较小……新王国时期，古埃及法老对外采取扩张政策，所以需要维持大量的军队"。❶

古王国时期坟墓的壁画展示，这一时期的古埃及士兵的服饰和古埃及的芦苇收割者的衣服类似，他们仅在腰上系一条带子，带子的两头悬挂在裆前遮盖，或者在腰间系一条腰带，在腰带的正前方悬挂一条遮羞布。有时候他们会在脖子上系上布满条纹的围巾，这就是古王国时期士兵的衣服了。

中王国时期，由于保卫边疆和商业贸易的需要，政府维持了比古王国时期更多

❶ Hilip J.Watson, *Costume Reference: Costume of Ancient Egypt*, New York: Chelsea House Publishers Press, 1987, p.50.

的军队，相应的这些士兵的待遇可能要好于古王国时期，至少他们的服饰比古王国时期更加精致。他们的衣服大体上是短裙，并且有些短裙的前部还会悬挂一块护裆布。中王国时期的军人还有套更加复杂的衣服，这套衣服由一件短裙和一件围在身后的围裙组成，这件围裙一般由腰带绑在腰部，下部长达腿弯部，在这件围裙的内部，古埃及士兵一般会穿一件短裙，这件短裙由两根肩带绑在肩膀上，有时候古埃及士兵用一根缠腰布代替这件短裙。

与古王国相比，不止士兵的衣服得到了改善，相应的保护措施也得到了加强，盾牌增多了，这种盾牌一般由皮革制作，然后把它绑在一件木头制作的把手上。另外"弓箭手会在左手腕上绑一块皮革，以防射箭时刮伤皮肤"❶。

新王国时期，大部分古埃及士兵的服饰还是短裙，较少保护措施，但是一些上层军官经常会穿着一件盔甲并且佩戴头盔，这种军人服饰在古王国时期开始零星出现，新王国时期才开始流行起来。这种头盔一般由皮革制作，用来保护头部，在盔甲以下，通常士兵们会戴一件项圈保护脖子，这种盔甲一般是把青铜片缝在一件类似有外套的上衣上，这种青铜片一般呈圆形，这种上衣可能由皮革或者亚麻布制作。

古埃及的法老和贵族为了修建宏大的坟墓和其他的纪念性建筑，经常征召大量的工匠，这些工匠一般由法老资助，供给食物和其他生活必需品。和古代其他文明不同的是，这些工匠一般会领取固定的工资，同时他们的地位也比较高，古埃及历史上曾发生因为上层管理人员克扣工资的罢工事件。这些工匠的生活条件一般优于农民，所以他们在着装上也更加体面。

由于制作材料难以长久保存，在重构古埃及的服饰时，我们只能依靠坟墓壁画和雕像以及坟墓中的文字进行，这些材料是否能真实地反映古埃及服饰的真实情况是值得商榷的。首先，正如我们平时对照片的美化处理一样，古埃及工匠在制作这些东西的时候，很可能对它们进行了美化，古埃及出土的很多考古材料证明其服饰可能并不像壁画中描绘的那样轻薄美观。

另外我们应该注意的是，古埃及工匠在制作雕像和壁画时，可能和实际情况有所出入，他们制作的壁画中可能反映的并不是他们生活时代的服饰特点，而是他们生活时代之前的服饰特点，"纪念碑上反映的服饰可能具有延迟性和随意性，这些

❶ Hilip J.Watson, *Costume Reference: Costume of Ancient Egypt*, New York: Chelsea House Publishers Press, 1987, p.51.

都是不能忽视的"❶。

　　综上所述，坟墓壁画和坟墓中的文字很可能具有很大的局限性，为了能得出更加客观的结论，我们应该把文献材料和壁画雕塑所反映的情况进行对比，使之互相验证，当它们之间发生冲突的时候，我们应该更相信考古材料，而不是壁画和文字，这样或许我们才能得到更加客观具体结论。

❶ Francois Boucher, *20000 Years of Fashion: the History of Costume and Personal Adornment*, New York: Happy N.Abrams, Inc Press, 1967, p.94.

第五章

古埃及服饰制作

许多人对古埃及文明的第一印象往往来自博物馆中陈列的珠宝与壁画。统治阶级的珠光宝气难免使人以为古埃及的生产力水平已到达到相当的高度，而壁画中人人身穿洁白的外衣又不免使人以为古埃及人有尚白的穿衣习惯。但显然，在生产力水平较为低下的时代，古埃及人的生活水准极大地受限于其所生存的环境，因此古埃及的气候、农业资源与矿产资源才真正决定了他们所能获取的纺织原料与印染材料，并进而制约着与之相应的生产加工技术。了解古埃及服装文化的物质基础与技术基础有助于今人更加全面、客观地看待古埃及的历史与文化，避免做出以偏概全或倒因为果的判断。

第一节　纺织

一、亚麻

亚麻布虽是古埃及人最主要的布料，但亚麻并非古埃及人获取植物纤维的唯一来源。汉语所谓的麻类作物从植物分类学的角度分属不同的科，甚至彼此之间的亲缘关系相差极远。大麻、苎麻分属荨麻目下面的桑科和荨麻科，而亚麻则属牻牛儿苗目下面的亚麻科。新石器时代的古埃及人为了保暖遮体已经开始探索将上述植物用作纺织原料。塔萨文化（Tasian culture）是埃及境内已知最古老的新石器时代文化类型，其遗址出土了疑似以大麻为原料的织物。[1]年代稍晚的格尔塞文化（Gerzeh culture）遗址则出土过疑似以苎麻为原料的织物。[2]但相关史料数量稀少，而且对上述遗址的考古活动开展时间较早，受制于当时的技术条件，对样品的检测结果不甚确定，结论有待商榷。亚麻虽然也不是埃及的本土物种，但早在新石器时代就由西亚传入埃及，埃及的法尤姆绿洲（Fayum）曾出土了这一时代的亚麻织物，[3]表明当时的人已经掌握了相关技术。总之，古埃及人在长期的生产实践中经

---

[1]　G.Brunton, *Mostagedda and the Tasian Culture*, London: British Museum Press, 1937, p.145.

[2]　W.W.Midgley, "Textiles", in W.M.F.Petrie, G.A.Wainwright, E.Mackay eds., *Labyrinth, Gerzeh and Mazguneh*, London: British School of Archaeology in Egypt, 1912, p.6.

[3]　C.Caton-Thompson、E.Gardner, *The Desert Fayum*, London: Royal Antropological Institute, 1934, pp.40–50.

古埃及服饰研究

140

过筛选，才把亚麻当作了在当时历史条件下所能接触到的最佳选择。

从植物学的角度讲，亚麻属于亚麻科。整个亚麻科包含两百个品种，而且分布广泛，但只有少数几个品种适用于纺织布料。古埃及人使用过的亚麻包括两个品种，但均非本土物种，而是早在新石器时代晚期就从西亚传入埃及。其中，开白色小花的品种（linum bienne）早在巴达里文化时代即传入埃及，开浅蓝色小花的另一个品种（linum usitatissimum）传入埃及的时间可能略晚，但却成为后来埃及最主要的亚麻品种 **❶**。在公元前5000年前后，法尤姆绿洲的新石器时代文化已经能用亚麻纺织布料。亚麻能很好地适应埃及的气候，亚麻布干爽透气的特性也符合埃及人在炎炎夏日的需求，因而亚麻成为古埃及人最主要的纺织原料。

早在古王国时期初期，在国库下属的作坊里，完成亚麻到亚麻布的制作需种植、纺纱与织造三个部门的合作 **❷**。但亚麻的种植属于农业生产的问题，本书不再赘述。当亚麻成熟后，其收割须在适当时机进行。收割越早，提取的纤维越细，收割过晚，则纤维又粗又脆，只能用来制作麻绳，这是由亚麻的生长规律决定的。古埃及人已经知道亚麻植株的成熟情况会影响其纤维的品质，因而把收割来的亚麻根据成熟情况进行初步分类。有些织物的纤维品质较佳，多取自收割时颜色尚青的植株，有些织物的纤维品质稍次，应取自已经发黄的植株，亚麻绳、坐垫等产品所用的纤维品质最次，应取自已经完全成熟的植株。

亚麻纤维取自亚麻的茎，亚麻茎由外向里可分为表皮层、韧皮层、形成层、木制层、髓质层等五个部分，纺织使用的亚麻纤维就出自韧皮层。亚麻茎秆被收割后需经过一系列工序才能得到用于纺织的纤维。根据古埃及壁画的描绘，这一过程与我国先民的经验大体相似，但具体细节略有出入。古埃及人将收割后的亚麻捆扎成束、堆积成垛并进行晾晒，直到其彻底干燥。此后，人们对亚麻进行修剪，去除多余的枝条和其他的无用的部分，并修整成大小相近的规格。

下一个步骤为浸渍，其目的是去除亚麻茎中的胶质，即把修整完毕的亚麻用水浸泡，利用水中的微生物分解、破坏亚麻茎中的胶质，并使韧皮层中的纤维素物质与其周围的组织物分开。一般而言，随着亚麻品种以及水温的不同，这一步骤需要十至十五天。我国的先民曾在水中加入生石灰等碱性物质以加快这一过程，而且能得到更高品质的亚麻纤维。这种化学脱胶法技术难度不大，而且材料易得，我国考

---

❶ Gillian Vogelsang-Eastwood, "Textiles", in Paul T.Nicholson and Ian Shaw eds., *Ancient Egyptian Materials and Technology*, Cambridge University Press, 2000, p.270.

❷ T.A.H.Wilkinson, *Early Dynastic Egypt*, London: Routledge, 1999, p.111.

古人员曾通过检测亚麻纤维所附着钙离子的数量证实我国先民对该法的掌握，但笔者未见西方学者对古埃及织物进行类似研究，不能断言古埃及人是否掌握这一技术。

接下来的两个步骤为干燥和碎茎。前者指把亚麻茎从水中捞出，利用大气条件使之自然干燥。后者的目的是使韧皮层与其他层脱离。关于古埃及人如何进行碎茎，迄今未见任何图像史料或文字史料提供佐证，但在不少考古遗址出土过木槌，埃及南部的农民直到20世纪30年代尚以类似工具捶打亚麻，因此不难想见古埃及人民也采用了同样的方式。❶

接下来的步骤为打麻，就是从碎茎之后的产物中将亚麻纤维与木质、麻屑、杂质等分离，只保留较直、较长的纤维。从墓室壁画对打麻场景的描绘来看，古人打麻所用的工具与手段非常简单，一手持两根木棒，另一只手使纤维从木棒之间的缝隙穿过，以将杂质与不堪使用的碎纤维捋除。❷淘汰掉的碎纤维可以用作灯芯。

纺纱是将亚麻纤维转变为纱线的关键步骤，许多壁画都曾记录古埃及人纺纱的场景。其最原始的方式应该是用手掌在大腿或半圆形的器物上将纤维搓成纱线。古埃及人很早就发明了纺锤。最早的纺锤就是带有分叉的树枝，而后出现了特制的纺锤，其主体是一块中间有孔的圆形石片或陶片，以木棒从其孔洞穿过即可用作纺锤，用手捻动纺锤通过其自身重量以及旋转时产生的力偶将亚麻纤维拧成纱线。在中王国时期，古人甚至为纺锤上的石片或陶片加刻螺纹，以便为纱线定位。在某些纺纱图案中，纺织工把手伸向口部，❸这表明古人已经知道亚麻纤维在略微湿润时能纺出更好的纱线，因而在纺织时以手指蘸唾液进行湿润。20世纪埃及南方农村的居民仍在沿用此做法。❹纺锤相较于手工搓纱能大幅减轻劳动强度、提升劳动效率，是巨大的技术进步，但古埃及纺纱工具的发展止步于此，未见其发明更加先进的手摇纺车。

然而，相较于纺纱工具的止步不前，古埃及人的纺纱技艺却在不断进步。在新王国时期，民间使用的粗布每股纱线由大约二十根纤维纺成，并且将二至三股粗纱绞为一根纱线以进一步提高强度，而王室使用的细布每股纱线甚至只有三根纤维。❺由于纱线的粗细有别，纺织成的布匹也被古埃及人分为若干等级。在哈里斯

---

❶ G.M.Crowfoot, *Methods of Hand Spinning in Egypt and the Sudan*, Halifax: Bankfield Museum Notes, 1931, p.34.

❷ N.de G.Davies, *Two Ramesside Tombs at Thebes*, New York: Egypt Exploration Fund, 1927, fig.1.

❸ P.E.Newberry, *Beni Hasan*, London: Egypt Exploration Fund, 1894, vol.2, Pl. ⅩⅩⅥ.

❹ 同❶, p.34.

❺ W.D.Cooke、A.Brennan, *The Spinning of Fine Royal or Byssos Linen*, *Archaeological Textiles Newsletter*, 1990（10）, p.9.

一号草纸（p. Harris I），亦即国王拉美西斯三世向神庙进献供品的清单当中，古埃及布匹根据品质高低分为四等：sSr-nsw、Sma-nfr、Sma、naa，这四个词语的字面意思分别为"御用布料""优质薄布""薄布""细布"。

纱线在用于织布之前还需进行经纱。这道工序既能使纱线更加整齐，也使其更加光滑且有韧性。在古埃及经纱的方法有三种，第一种方法是直接把纱线缠在一根粗木棍上；第二种方法是把一根木棍插在墙上，然后把纱线缠绕在木棍上；第三种方法是把四根木棍插在地上，把纱线绕着这四根木棍旋转。这三种方法在古埃及人的坟墓的壁画中经常可以看到。

二、羊毛

羊毛也是一种常见的纺织原料。古埃及的土地上曾生活着多种动物，但古埃及的毛纺织品主要以羊毛为原料。新石器时代晚期的遗址就曾出土过羊毛质地的针织品[1]。在新王国时期，绵羊与山羊的毛都曾被用作纺织原料，而且各个阶层均有穿着，但远不及亚麻布常见[2]。古埃及人还曾一度驯化所谓古埃及蛮羊（ovis longipes palaeoaegypticaus）作为羊毛来源，但该品种的经济价值应该较差，因而被淘汰，现已灭绝。

羊毛的长度不及亚麻纤维，所以纺制毛线的工艺较之纺制亚麻纱线的工艺更加复杂。先把小撮羊毛捻在一起，然后把这些小撮交错在一起形成羊毛线，在制成线以后，其他的工序就和用亚麻布制作衣物类似了。

古埃及周边的许多民族如利比亚人、叙利亚人、腓尼基人都能用羊毛制作精美的毛料织物，而且古埃及人也大量饲养绵羊和山羊，具备使用羊毛进行纺织的条件。绵羊是古埃及人获取羊毛的主要来源，但在阿玛尔那的工匠村也出土过若干以天然的彩色山羊毛为原料的织物。[3]古希腊的历史学家希罗多德在游历古埃及期间就观察到一般的古埃及人在亚麻内衣外面罩着白色的羊毛外衣，但同时也提到毛织品不得带入神庙、不得用于陪葬以及祭司不穿毛料衣物等习俗与禁忌[4]。当古埃及

---

[1] W.Petrie、J.Quibell, *Naqada and Ballas*, London: British School of Archaeology in Egypt, 1895, p.44.

[2] G.Eastwood, "Preliminary Report on the Textiles", in B.J.Kemp ed., *Amarna Reports*, London: Egypt Exploration Society, 1985, Vol.2, pp.191-204.

[3] 同[2], p.192.

[4] 希罗多德:《历史》，王以铸译，北京：商务印书馆，2005年，第120页。

文明形成之后，希罗多德的这一描述具有一定的可信度，因为迄今学界未在古王国时期与中王国时期墓葬中找到毛织品。另一方面，古埃及人使用羊毛的历史非常悠久。早在前王朝时期，埃及人已经用棕色与白色羊毛作为编织材料❶。而在第一王朝时已经出现用羊毛纺织的布料❷。在新王国时期，无论城镇中的居民，还是工匠村里的工匠，都有穿着毛料衣物的记录。但总体而言，毛料的出土数量远低于亚麻布。笔者认为其原因主要有以下几方面：首先，羊毛较亚麻珍稀，因此古人对于老旧的毛料应当更倾向于回收再利用，而不是像处理残破的亚麻布一样随手丢弃。其次，毛料具有优越的保暖性能，因而仅适于气温较低的少数几个月份，不像亚麻布一样适用于任何时间，进而导致古埃及人在包裹木乃伊时选择了更具代表性的亚麻布，而没有选择毛料。

到罗马帝国统治时期，随着基督教传入埃及，当地人迅速抛弃传统信仰并随之解除了对于羊毛织物的禁忌，甚至开始把羊毛质地的衣物放入坟墓随葬。但另一方面，尽管《旧约》曾两度明确禁止穿用混纺面料，如"不可用两样掺杂的料做衣服"（利未记第19章第19节），"不可穿羊毛细麻两样掺杂料做的衣服"（申命记第22章第11节），但古埃及人还是把羊毛与亚麻纤维掺和，制作出更加保暖的混纺面料。❸最后，随着地中海变成罗马帝国的内海，整个环地中海地区的经济向着一体化的方向发展，在外界旺盛的羊毛需求的刺激之下，古埃及羊毛产业的规模也有显著提高。

三、织布

织造环节的目的是将纱线织成布。与前两个环节相较，织造环节所用的工具有较高的技术含量。然而，迄今未见保存完好的古埃及织机出土，主要原因应该是损坏的木质部件已经被作为木柴烧掉，因此今人对古埃及织机的了解主要来自壁画、浮雕以及陪葬的木质模型。新石器时期的古埃及人已经发明了较为原始的水平织机，古王国时期、中王国时期的织机一般为水平放置，织机的尺寸较小，新王国时期以后的织机为竖直放置，且尺寸较大，能够织出更大幅面的布匹，但水平织机并未被完全淘汰。尽管有学者推测织机结构的改变是受到了西亚移民希克索斯人的影响❹，

---

❶ W.Petrie、J.Quibell, *Naqada and Ballas*, London: British School of Archaeology in Egypt, 1895, p.44.

❷ Z.Saad, *Royal Excavations at Helwan, 1945-7*, Cairo: Service des Antiquités de l' Égypte, 1951, p.44.

❸ P.Watson, *Costume Reference: Costume of Ancient Egypt*, New York: Chelsea House Publishers Press, 1987, p.7.

❹ 罗莎莉·戴维：《古埃及社会生活》，李晓东译，北京：商务印书馆出版社，2017年，第312页。

但考虑到织机尺寸的变化，而且工匠村的考古证据亦表明某些立式织机被置于户外，笔者认为是织机日益增加的尺寸以及古埃及民居狭窄局促的房间共同迫使人们对织机的结构做出改变。

在织造技艺方面，古埃及纺织品组织主要包括平纹组织与方平组织，通过控制经纱与纬纱相互交错的规律，实现简单的纹理。图坦卡蒙墓出土的一些御用衣物上，甚至有用彩色纱线以提花工艺织出的彩色纹饰❶。

综上所述，上古时期埃及人因生产力水平所限，只能就地取材，以亚麻、羊毛、皮革为原料。只有当埃及人由蒙昧迈入文明阶段之后，随着生产力水平的提高，才有条件根据埃及的气候、环境选择合适的服装面料。亚麻布由于具有良好的透气性，在国王时期成为最主要的服装原料。古埃及人甚至为亚麻布赋予了特殊的宗教意义，认为亚麻布庄严而神圣，其生产受到了塔特女神的庇护。在神庙里，神像也需要像凡人一样定期沐浴并更换以崭新亚麻布制成的衣物，祭司们在当值的时候也穿亚麻布长袍。凡人的遗体也要用亚麻布包裹，因为在神话中奥西里斯的木乃伊就是由伊西斯和奈菲西斯纺织亚麻布进行包裹。

第二节　印染及其他装饰方法

爱美是包括人类在内许多动物的本能。在人类追求美的悠久历史当中，改变布料的颜色是众多手段之一，而印染又是改变布料颜色的最常见方式。新石器时期的埃及人已经知道把赤铁矿用水或蜜调和后涂抹在衣物上使其着色。然而，不是所有带颜色的东西都可以用作染料，能够作为染料的物质必须具备两个条件：第一个是颜色较浓而且能够附着在织物之上，第二个是遇到水洗或日晒不会立刻褪色。而且，许多染料必须与其他媒介进行化学反应才能附着在织物上。最后，不同纺织材料有不同的化学成分与微观结构，导致不同面料对同一种染料有不同的着色能力，甚至不同面料的染色技术不能通用。以传统手工工艺进行染色时，毛料最易染色，丝绸与棉布次之，而古埃及人最常用的亚麻布料恰巧是常见面料当中最难染色的❷。正因为有上述种种限制，古埃及人尽管拥有多种多样的颜料并以此创作出色

❶ G.Vogelsang-Eastwood, "Textiles", pp.274-275.

❷ 汤琼：《草木·色：植物染笔记》，昆明：云南科技出版社，2017年，第13页。

彩斑斓的壁画，由于染料和媒介的限制，其在纺织品印染领域的成就大为逊色。

古埃及的本地染料主要是赭石类矿物染料，因其主要成分为氧化铁而呈现出红色的主色调，并因有其他杂质而呈现出橙色、棕色乃至褐色。古埃及人刚刚迈入文明阶段就开始使用赭石类染料，而且由于这类染料方便易得，染色工艺简单，在民间也具有较高的普及度。

在古埃及出土的少量颜色较为艳丽的布料当中，蓝色与红色分别以靛蓝和茜红为染料，其分别提取自菘蓝与茜草。但这两种植物均产自西亚，不是埃及的本土物种，而且以此染料染色的织物在年代上均不早于新王国时期。❶

今人尚未发现法老时代的任何染坊。但今人在埃及中部的阿特里比斯［Athribis，今称阿特里布丘（Tell Atrib）］发现一处古罗马时代的染坊，并在此发现了染池与染料。但需要在此指出，即便放眼整个地中海世界，古代染坊或疑似染坊的遗址也并不多见。以色列的贝特米尔辛丘（Tell Beit Mirsim）有一处遗址有用于大量处理液体的池子以及洗涤剂和染色使用的媒介，其应为迄今确知的地中海地区最古老的染坊，但其年代不会早于公元前8世纪。另外，塞浦路斯的恩科米（Enkomi）遗址的池子虽可追溯至公元前13世纪，但今人在此未发现染料或媒介，不能确定其为染坊。❷

此外，国王时代表现染色工艺的图像史料与文字史料亦较罕见。然而，既已知晓古埃及人所用的染料，便可凭借这些染料的特性并结合壁画的记载在一定程度上还原古埃及人的染色技术。靛蓝属于还原性染料，必须在碱性溶液中经过还原反应褪色才能牢固地附着在织物上，这一过程必须借助染缸作为还原反应的容器。织物在染缸中与染料结合，而后在露天晾晒，使染料与空气中的氧气进行氧化反应恢复原本的蓝色。为了使颜色饱满，浸泡与晾晒的过程需反复多次，但今人无法确定古埃及人在每个环节具体如何操作。茜红属于直接染料，顾名思义，布料在茜红溶液中浸泡即可着色，工序简单。在茜红溶液中加入适量的无机盐，可使染出的颜色更加鲜艳并更加不易在阳光的暴晒下褪色。由于残存的古埃及织物曾长期埋在地下，土壤中的杂质对精密的化学分析造成一定干扰，但今人推断古埃及人已经掌握了使

❶ R.Germer, *Die Textilfärberei und die Verwendung gefärbter Textilien im Alten Ägypten*, Wiesbaden: Otto Harrassowitz, 1992, pp.66-67.

❷ Maria Emanuela Alberti, *"Washing and Dyeing Installations of the Ancient Mediterranean: towards a Definition from Roman Times back to Minoan Crete*, in Carole Gillis and Marie-Louise B.Nosch eds., *Ancient Textiles, Production, Craft and Society*, Oxford: Oxbow Books, 2007, pp.60-61.

用明矾作为固色剂的技术❶。

另外，古埃及人应该已经创造了二次印染的方法以追求更加丰富的色彩。这种方法须首先对纱线进行第一次染色，以这种彩色纱线与其他纱线织成布匹后再进行第二次染色。如此，染过黄色、红色的布料可呈现出绿色，染过蓝色、红色的布料可呈现出紫色。然而，此类布料存世稀少，今人对具体的技术细节有待进一步研究。

尽管壁画与浮雕中的彩绘人物多穿纯白色衣物，但迄今未见古埃及有白色染料，因而衣物的白色应归因于漂白。又由于古埃及人在洗涤纱线与衣物的过程中使用泡碱去污，而泡碱兼有漂白功效，烈日暴晒也能使亚麻纤维进一步褪色，因此今人无从考证古人是否有特意为之的漂白工序，更无从考证漂白工序属于制取纤维、纺纱、织造当中的哪一个环节。从词汇的角度看，表达"漂白"之意的词并不常用，但王室专用的丧葬文献中又有专门的词汇表示"浅色布料"。通过比较彩绘壁画与布料实物，彩绘图案中的纯白色衣物应该不是对现实的写照，因为王公贵族所用的细布经漂白后应呈现淡亚麻色，广大劳动者反而更青睐以赭石染色的深色衣物，因其更加耐脏。综上，笔者认为古埃及存在专门的漂白工艺但并不普及。

印染只能为布料染上单一的色调，但壁画中的人物所穿的衣物有时带有复杂的图案。若要使布料具有一定图案可以使用织花与印花等工艺。图坦卡蒙墓出土的御用上衣的边沿即装饰有采用织花工艺的花边，花纹较简单，为菱形与矩形等几何图案以及折线（图5-1）❷。我国先民曾发明提花机，可以织出非常复杂的图案，但该技术长期由我国独家掌握，古埃及人未掌握类似的知识与技术。印花指在印染过程中通过一定手段仅使局部布料产生与其他部位不同的颜色从而形成一定图案。印花的技术难度虽只略高于印染，但迄今未见古埃及印花织物存世，以此推断，古埃及人亦未掌握印花技术。

相较于改变布料本身的色彩，绣花工艺更加简单便捷。绣花对工具的技术含量要求较低，只需有针线即可。同样是在图

图5-1　图坦卡蒙墓出土御用上衣的织花纹饰

❶ R.Germer, *Die Textilfärberei und die Verwendung gefärbter Textilien im Alten Ägypten*, Wiesbaden:Otto Harrassowitz,1992, p.70.

❷ G.M.Crowfoot、N.de G.Davies, *The Tunic of Tutankhamun, Journal of Egyptian Archaeology*,1941（27）, pl. ⅩⅤ.

坦卡蒙墓还出土一条带有复杂刺绣图案的长巾（图5-2），用途不明，其主体是由若干块绣有花卉异兽的四方布块拼缀而成。但图案中的棕榈叶、鹰首狮身兽等元素显然分别来自叙利亚和克里特，因而有学者主张该物是由叙利亚输入古埃及，或者至少出自在古埃及的叙利亚绣工之手❶。总体而言，即使是达官贵人的衣物，绣花工艺也不常见。今人只偶尔在一些衣物的领口、肩膀、袖口等处发现绣有简单的几何线条❷。

图5-2　图坦卡蒙墓出土西亚风格绣花长巾

　　相较于绣花，古埃及人还有另外两种装饰衣物的方式。一种是把彩色布片拼合为一定图案，而后再缝补到衣物上。另一种是把彩色珠子穿缀成网状，而后套在衣物外面，但此方式多见于女装。彩色珠子的材质取决于穿着者的财力，国王或达官贵人所用的天蓝色珠子以阿富汗出产的青金石制成，颇为贵重，而平民所用的淡蓝色珠子则是以釉料烧结而成。

第三节　制皮

　　纵观人类历史，以兽皮遮体的时间远远早于纺织技术的发明。古埃及的土地上曾生活着许多种类的野生动物，而且古埃及人很早就开始驯养牛羊，这些动物不仅为古埃及人提供了丰富的肉制品，其皮革也被古埃及人制作成各种服饰用品。早在新石器时期，古埃及人就已开始以山羊、羚羊等动物的皮制作围裙❸。皮革具有优

❶ G.M.Crowfoot、N.de G.Davies, The *Tunic of Tutankhamun*, *Journal of Egyptian Archaeology*, 1941（27）, pl. XX.

❷ M.Hald, *Ancient Textile Techniques in Egypt and Scandinavia*, *Acta Archaeologica*,1946（17）, pp.49-67.

❸ G.Brunton、C.Caton-Thompson, *The Badarian Civilization and Predynastic Remains near Badari*, London: British School of Archaeology in Egypt, 1928, p.40.

异的保暖性能，但这在年均气温较高的埃及却成为显著的缺点，因而在人们掌握纺织技术后皮革一般不再作为服装面料，而主要用于制作凉鞋。由于皮革还具有坚固、耐磨、耐脏、防水等特性，新王国时期开凿王陵的工匠曾用皮革制作短裤，在劳动时将其套在衬裤外面提供劳动保护。但总体而言，皮革在国王时期多用于制作服装之外的物品，例如水囊、箭袋、盾牌、战车部件等。另一方面，古埃及的某些高级祭司穿着猎豹皮制作的披肩。一些原本以皮革作为服装面料的外来移民群体为了保持族群认同而延续旧有的穿衣习惯。

皮革的制作过程主要包括晾晒和软化处理，从动物身上剥离兽皮以后，古埃及人用烟熏的方式或者借助盐、赭土使生皮脱水，再用油脂或尿液使其变得柔软❶。皮革制作好以后，下一步是上色，古埃及人用植物色素把皮革染成喜欢的颜色，红色、绿色和黄色是古埃及人比较喜欢的颜色。他们把通过裁剪，主要用半月形的刀、锥子、钻孔器和用于剥去兽皮上肉的木梳工具，把皮革制作成各种服饰。

综上所述，上古时期古埃及人因生产力水平所限，只能就地取材，以亚麻、羊毛、皮革为原料。只有当埃及人由蒙昧迈入文明阶段之后，随着生产力水平的提高，才有条件根据埃及的气候、环境选择合适的服装面料。最终，古埃及人选择亚麻作为最基本的面料，直到新王国时期才从西亚再度引入毛纺织技术，皮革仅用于特定用途。

第四节　裁剪、洗涤与修补

古埃及人很早就掌握了将布料、皮革缝制成衣物的技术。新石器时期的墓葬中就出土了用来缝合衣物的骨针和线筒。针眼一般不是钻出来的，而是用坚硬锋利的石刀划刻而成。❷古王国时期出现了铜针，中王国时期的针则大多为青铜质地。此时古埃及人已经开始使用刺绣技术来装饰衣物。一般在王室纺织间和神庙制作出来的布匹最好，它们供给埃及的神祇、王室成员和高级祭司使用；而民间的布和衣物则质量较低，它们一般供应下级官吏和体力劳动者使用，富余产品也用于交换其他产品。

衣物在日常穿着过程中难免有所污损，需要进行洗涤与缝补。壁画中的洗衣场景通常为多人集体劳动，王公贵族的家里仆役众多，其洗衣工作应确实如壁画所描

---

❶ 罗莎莉·戴维：《古埃及社会生活》，李晓东译，北京：商务印书馆，2016年，第314页。

❷ E.Strouhal, *Life of the Ancient Egyptians*, Liverpool: Liverpool University Press, 1996, p.77.

绘的那样。在古埃及文学作品《对各种职业的讽刺》当中，身为书吏的父亲为了训诫儿子刻苦学习，以尖酸的口吻历数各个行业的辛劳，其中就包括洗衣工❶。古埃及人洗衣的流程与我国南方地区的传统洗衣大体类似，即用水浸泡衣物，而后用手揉搓或用棒槌捶打，最后漂洗、拧干并晾晒。为了增强去污效果，古埃及人会在浸泡或揉搓的过程中加入草木灰或肥皂草，尤其是在埃及颇为常见的泡碱。

我国的先民曾用米浆对衣物进行浆洗，浆洗后的布料挺括并且易于清洗。古埃及壁画中的人物往往身穿挺括的衣物，若对古埃及织物中是否残留淀粉进行检测，可以判断当时的人们是否掌握浆洗技术，但笔者尚未见到此类研究。

布匹的纺织耗费大量工时，价格不菲，对于王公贵族而言虽不值一提，但对劳动者而言则颇为金贵。仍以工匠村为例，一件最简单的衣物大约可交换二百升大麦，相当于一户工匠家庭近一个月的口粮，而一件厚长袍的价格可达前者的六倍❷。因此，古埃及的普通劳动者对来之不易的衣物比较珍惜，会对破损的衣物进行缝补或修改。但古埃及人直到古罗马时代才普及剪刀，此前主要通过撕扯或刀割的方式对布匹进行裁剪，难以用较小的布片为衣物的破口打补丁。工匠村出土的衣物主要以两种方式进行缝补，一种是简单地将破口缝合，另一种是在破口尚未形成时在磨薄的部位提前缝几道线进行加固。破损严重的衣物则被改短或拼合为其他款式，某工匠在家书中就曾发出这类指示❸。

总而言之，古埃及的气候决定了人们以亚麻为主要的服装面料。从现存的各种壁画、雕像来看，古埃及男性的衣物以素色为主。但为织物染色不同于给器物建筑上色，并非所有的颜料都能用作染料。但由于古埃及植被与矿产的制约，普通人只能接触到种类非常有限的染料和印染助剂。蓝草与茜草是古代各民族提取蓝色和红色染料的主要来源，在叙利亚巴勒斯坦地区广泛种植，但未见国王时期古埃及有大量引种的痕迹。当时的古埃及应当仅以贸易或掠夺的方式从西亚获得成品染料乃至染好的织物，因其稀少而专供达官贵人享用。古埃及终归是一个贫富悬殊的阶级社会，国王站在权力的顶尖，其服装集各种资源与工艺于一身，彰显其与普通贵族的差别。贵族服装远较前者逊色，但与广大劳动者的服装又有显著不同。劳动者只拥有少量朴素的衣物，而且还要对破损的衣物进行缝补与修改。

---

❶ William Kelly Simpson ed., *The Literature of Ancient Egypt*, New Haven, USA: Yale University Press, 2003, p.435.

❷ Jac.J.Janssen, *Commodity Prices from the Ramessid Period, an Economic Study of the Village of Necropolis Workmen at Thebes*, pp.259-272, 460.

❸ E.Wente, *Letters from Ancient Egypt*, p.153.

第六章

古埃及服饰对周边及后世的影响

尽管古埃及处于一个相对封闭独立的地理环境中，在很长一段时间内远离外族的进扰，但关于古埃及与外族的接触交流的痕迹，却可以追溯到古王国甚至更早的前王朝时期。特别是与亚洲的叙利亚和巴勒斯坦地区的交流。例如，在青铜时代的巴勒斯坦已经出现了来自古埃及的棋类游戏，而埃及古王国时期的考古遗址中也发现了亚洲人生活的聚落。如前所述，在中王国时期，古埃及与周边文明的交流日益密切，例如这一时期的《辛努西的故事》(*The Tale of Sinuhe*) 所记录的有关一位古埃及官员逃至亚洲的故事❶，以及《遇难水手的故事》(*The Tale of the Shipwrecked Sailor*) 同样也记录着水手在南方蓬特等地的见闻。而第十二王朝的古埃及为了解决大量亚洲游牧民族涌入的问题，在西奈半岛建立了要塞，并记录了往来的外国人信息❷。

　　古埃及艺术对亚洲游牧民族最早期的描述是在埃及中部贝尼哈桑地区的一座墓葬中。在这里记录了有一支亚洲游牧民族商队。他们以驴为交通工具，驴上驮着从埃及购入的大量商品物资。这些亚洲人中有的上身赤裸，下身穿着及膝的短裙，短裙上有流苏装饰。有的穿着及膝的单肩束腰外衣。束腰外衣一侧固定于肩部，另半边躯干则暴露在外。

　　古埃及人也与埃及西部沙漠部落的居民保持联系。在古埃及文献中对于他们的名称很多，但现今学界通常称他们为利比亚人。

　　与古埃及人交流最为密切的是来自南方的努比亚人，即现今的苏丹。事实上，早在古王国时期，许多努比亚人就开始进入埃及生活和工作。到中王国时期，努比亚成为对古埃及而言十分重要的一大地区。

　　在新王国时期，努比亚人最独特的服装是一种极短的缠腰布。它们通常是白色的底色，并饰以红棕色或黑色的波点。这些缠腰布通常是牛皮制成的，在一些墓葬的陪葬品中也发现了这种皮革服饰的实例，不过所发现的一般是由瞪羚皮制成的而非牛皮。瞪羚皮缠腰布通常被裁切成一大片，并饰以网格纹，此外也有饰以花边纹的。这种皮制缠腰布在努比亚工人、努比亚士兵身上十分常见，在努比亚人进贡古埃及王室的物品中也有所发现。努比亚人也会穿着古埃及风格的亚麻围裙和束腰外衣。在一位努比亚首领的画像上，他穿着一条长款及脚踝的束腰外衣，外衣带褶

❶　郭丹彤：《古埃及象形文字文献译注》(下卷)，长春：东北师范大学出版社，2015年，第880–897页。

❷　G.D.Mumford, "Sinai" in D.B.Redford (ed.), The Oxford *Encyclopedia of Ancient Egypt*, Vol.3, Oxford: Oxford University Press, 2001, pp.299–289.

皱，并有其他的图案装饰。其整体颜色为蓝色，并带有绿色的花边。首领耳朵上带着夸张的圆形耳环，头上缠着一根头带，头戴的后面插着一根羽毛❶。

新王国时期描绘的努比亚女性服饰的场景并不常见。从为数不多的案例中可以看到，努比亚妇女下身穿及小腿的长裙，长裙带褶皱，底部呈荷叶状向外伸展，与现代的裙装造型无异。她们的上身赤裸，也无其他多余的饰物，背后背着一个编织篮，篮中放置着一个婴儿，有意思的是，篮子并非像双肩包一样通过两条肩带固定在背后，而是通过一条绕于额头的绳索通过头部固定在背后。由于古埃及文化对努比亚影响深远，努比亚上层女性通常会穿着古埃及风格的服饰。在图坦卡蒙统治时期一位官员的墓葬中描绘了一位穿着舞者透明长袍的努比亚公主，这种服饰正是新王国时期后期典型的古埃及女性服饰❷。

古埃及文献中另一个经常被提及的民族就是蓬特人。古埃及远征蓬特的记录最早见于古王国时期，但学界至今无法确认蓬特的确切地理位置。传统的观点认为蓬特可能位于现今埃塞俄比亚或索马里海岸附近❸。埃及东部的哈马马特谷地是通往蓬特的重要路径，古埃及人将船只抬出尼罗河，沿谷地拖拽船只前进，直到红海沿岸，再自红海一路南下最终进入蓬特地区❹。蓬特在古埃及语中称为"神之领域"❺，这里盛产黄金、名贵木材以及各种香料，因此成为古埃及人青睐的地方。古埃及人最著名的一次远征蓬特发生在哈特谢普苏特女王统治时期，并由她亲自派遣，远征的详细图文记录在了她位于德·埃·巴哈利的丧葬神庙中的墙上。她甚至让人把能够出产香料的没药树带回了古埃及，并栽种于神庙前庭中，直至今日仍可以看到当年种树留下的坑洞。女王的丧葬神庙中关于蓬特人的记载，为我们提供了关于蓬特人穿着风格最生动的案例。

蓬特男性通常为短发，留着一束精致的山羊胡须，带着由贝壳或宝石穿成一串的项链。他们上身赤裸，下身穿着一条短围裙，围裙长度在膝盖之上。与古埃及直边的围裙不同，蓬特围裙的底端两侧分别有两处向下的倒角，裙子里面还有两条类似于羽毛的垂饰。围裙由腰带固定，腰带上还插着一把匕首用于防身。神庙中关于蓬特人最著名的描述是一位蓬特的王后。这位蓬特贵族身形丰腴，头戴绥带，脖子

---

❶ P.J.Watson, *Costume of Ancient Egypt*, New York: Chelsea House Publishers, 1987, p.56.

❷ 同❶, pp.56–57.

❸ 李晓东：《古埃及红海航路考》，《东北师大学报（哲学社会科学版）》2010年第6期，第67页。

❹ 同❸，第67–68页。

❺ 同❸。

上挂着一串项链，穿着一条无袖及膝的连衣长裙，裙摆为直边设计，无多余的点缀❶。女王神庙中关于蓬特人服饰打扮的描述应该是最为准确的，其他关于蓬特人的描述则有艺术再创作的成分在内，因为他们的服饰风格混合了亚洲人、塞浦路斯人以及海上民族服饰的一些特点，这显然是不合理的。

亚洲人也是古埃及文献和艺术作品中经常出现的一类人群，古埃及语语境中的亚洲人，一般指来自叙利亚和巴勒斯坦地区的民族，也称为叙利亚人❷。早期古埃及关于叙利亚男性的描述通常头戴发带，留有络腮胡须。他们的服饰较为简单，也是一条及膝的围裙，但形制上略不同于古埃及围裙。在围裙下摆的前方，会有一条向下的倒角，而没有上浆的垂摆。围裙上的纹饰也是典型的亚洲风格。分别会在围裙的上部、中部和下部装饰三条贯穿一周的横行装饰带，通常是简单的水波纹或螺旋纹。在围裙正前方还会有一条纵向装饰带，与三条横向装饰带相交，形成一个"王"字造型，纵向装饰带的花纹与纵向装饰带保持一致。关于女性叙利亚人的描述并不常见，因此她们早期服饰类型无法考证。

阿蒙霍特普二世（Amenhotep Ⅱ）统治时期对于叙利亚人的描述中出现了新的服饰类型。其中一款及脚踝的长袖束腰外衣，几乎包裹住了整个身体。与古埃及由一整块亚麻布折叠缝合的束腰外衣不同，这种束腰外衣由多篇布料拼接而成，在胸前、衣袖、腰间等处都能看到清晰的缝合痕迹。另一款新式服装则至少沿用至了第二十王朝末期。它包括一件长袍，很可能是由一整块方形的布料做成的，布料稍斜地环绕于身体上，形成了分层。与外衣搭配的是一件披肩，披肩由一块半圆形布料制成，在胸前交叉环绕形成分层效果，披肩两侧则能覆盖整个大臂❸。制作这些服装的材料通常是以红色、蓝色或黄色的底色，并装饰有蓝色、红色、绿色或白色的玫瑰花结、斑点等图案，与底色形成较强的对比感，给人以较强烈的视觉冲击力。

如图6-1所示代表了新王国时期古埃及人对于周边民族体貌特征与装束仪容的基本印象。第二十王朝国王拉美西斯三世在麦地奈特哈布城建造其葬祭庙，并在墙壁上以彩釉描绘了当时埃及人心目中的外族人，这些肖像如今散布在开罗、柏林、波士顿、芝加哥等地的博物馆❹，下图这五幅肖像均为开罗博物馆的藏品，从左向

❶ P. J. Watson, *Costume of Ancient Egypt*, New York: Chelsea House Publishers, 1987, p.57.

❷ A.Leahy, "Foreign Incursions" in D.B.Redford（ed.），The Oxford *Encyclopedia of Ancient Egypt*, Vol.2, Oxford: Oxford University Press, 2001, p.549.

❸ 同❶, p.60.

❹ Bertha Porter、Rosalind L.B.Moss, *Topographical Bibliography of Ancient Egyptian Hieroglyphic Texts, Reliefs, and Paintings*, Vol.2, p.524.

图 6-1　开罗博物馆所藏拉美西斯三世时期外族人肖像

右依次描绘了西方的利比亚人，南方的努比亚人，以及来自亚洲的叙利亚人、沙苏人（Shasu）❶、赫梯人❷的体貌特征与典型穿着。外族服装色彩之艳丽、纹饰之繁复，与古埃及衣物之朴素形成显而易见的反差。

　　尽管古埃及处于一个相对封闭独立的地理环境中，在很长一段时间内未遭受强大外敌的侵袭，但古埃及与周边民族的交往却可以追溯到前王朝时期。以下笔者将从东、南、西、北四个方向依次考察古埃及与周边民族的交往以及后者对古埃及服装的影响。

第一节　东方——西亚诸民族

　　作为现代的地理概念，西亚是一个幅员极为辽阔的区域。然而，古埃及长期以来的交流对象主要包括两河流域的阿卡德、亚述、巴比伦以及波斯，小亚细亚的赫梯，叙利亚、黎巴嫩以及巴勒斯坦等地的小城邦，以及阿拉伯半岛的游牧部落。

　　在古埃及文明形成的过程当中，亚洲自古埃及东方对其施予了巨大的影响。从人类起源的角度来看，东非直立人早就开始在尼罗河流域以及当时仍较湿润的撒哈

---

❶ 古埃及语作 SAsw，指居住在巴勒斯坦以东和以南今属约旦和沙特阿拉伯境内说塞姆语的古代民族，参见郭丹彤：《古埃及文献中的沙苏人》，《世界民族》2014 年第 4 期，第 104-110 页。

❷ 发源于今土耳其境内安纳托利亚高原的一支说印欧语的古代民族，曾在地中海东岸建立霸权。

拉地区生活，而且古埃及可能是直立人由非洲扩散至西亚的重要通道。但随着更新世冰期（约26万—1.1万年前）的来临，整个北非变得极度干旱，尼罗河甚至断流变为若干绿洲，处于旧石器时代中期与晚期的古人就散居在这些星星点点的绿洲当中❶。然而，从文明发生的角度来看，随着全球气候在全新世（约1.1年前万至今）变暖，尼罗河流域的生存环境大大改善，属于新石器时代文化类型的遗址到处涌现。正是这些人彼此融合孕育出了后来的古埃及文明。尽管今人尚难以确定尼罗河流域各个新石器时代文化类型与旧石器时代文化的继承关系，但这些过着农耕生活的古人所种植的作物和所饲养的家畜显然系由西亚传入的外来物种❷，其中就包括古埃及人用于制作衣物的亚麻。

由于上述原因，古埃及与西亚尤其叙利亚、巴勒斯坦地区的交往几乎贯穿整个古埃及历史。在最初古埃及文明即将诞生时，亦即所谓"前王朝时期"，古埃及与巴勒斯坦的贸易往来已颇具规模，在巴勒斯坦曾出土这一时期以尼罗河的泥土烧制的容器，在埃及亦曾出土巴勒斯坦地区的容器，可惜容器中盛放何物已不可考❸。古埃及与西亚的文化交流如此频繁，以至于英国考古学家弗林德斯·皮特里（Flinders Petrie）曾于1939年提出"王朝种族"（Dynastic Race）理论，主张古埃及最早的王朝是由来自亚洲的征服者所建立。尽管法国学者马苏拉尔（Émile Massoulard）在10年之后的1949年指出古埃及的王朝是本土文明，但由于语言隔阂，皮特里的学说在英语国家影响深远。及至1971年，I. E. S.爱德华兹（I. E. S. Edwards）在参与编写第3版《剑桥古代史》（The Cambridge Ancient History）时，仍在第一卷第二部分与古埃及有关的部分因袭了皮特里的观点❹。

尽管古埃及文明在诞生之前曾深受西亚的影响，但在古埃及文明诞生之后，两地却长期仅保持着较小规模的接触。例如纳尔迈调色板上出现的两只长颈动物，在两河文明早期的历史遗存上同样也出现过。同时，由于在古埃及其他方向上的周边民族更加弱小，因此西亚在这一时期始终是古埃及最主要的外来威胁。在从早王朝到第二中间期的大约1500年的时间里，古埃及与西亚的文化交流较为有限，仅在青铜时代早期与中期的叙利亚、黎巴嫩沿海城镇与古埃及有较为频繁的海上贸

❶ Kathryn, A.Bard, *Encyclopedia of the Archaeology of Ancient Egypt*, London、New York: Routledge, 1999, pp.6-14.

❷ 同❶, pp.17-22.

❸ 同❶, pp.22-30.

❹ Toby.A.H.*Wilkinson, Early Dynastic Egypt*, London: Routledge, 1999.p.12.

易❶。由于深受古埃及影响，毕布罗斯（Byblos）的统治者甚至一度持有古埃及的官衔并用古埃及文字记事，但由于年代久远，今人对于当地人的穿着缺乏了解，更无从推断两地服饰文化的交流。

即便古埃及在新王国时期曾将巴勒斯坦纳入势力范围，并与源于安纳托利亚高原的赫梯等强国在叙利亚展开争霸，但在此之后却分别受到来自两河流域的亚述（Assyria）与波斯（Persia）攻击而失去对此地的控制权。及至希腊化时代，在古埃及与巴勒斯坦的土地上虽分别出现了由古希腊马其顿人建立的托勒密（Ptolemaic）与塞琉古（Seleucid）两个外来政权，但两国之间的争霸仍在继续，直至两者均成为古罗马治下的行省。

对古埃及而言，西亚的优质木料、马匹以及熔炼青铜的原料具有巨大的战略价值。另外，古埃及最大的外部威胁也经常是来自亚洲，因此亚洲人成为古埃及文献和艺术作品中最常出现的外族人。古埃及语中的亚洲人作aAmw或sTtjw，尤指与古埃及邻近的叙利亚、巴勒斯坦地区各部落与各民族。古埃及图像史料当中对亚洲人最早期的描绘是埃及中部贝尼哈桑3号墓中的彩绘壁画，墓主人为当地的领主。壁画记录了一支亚洲商队，图案一旁的文字表明该商队一行共37人为当地领主送来了用作眼影的涂料❷。其中两名先导为负责接待商队并接受物资的古埃及书吏，身穿古埃及男性典型的素色围裙，头发与下巴上的胡须也经过刻意打理，与身后的男性亚洲人蓬松杂乱的头发以及茂盛的络腮胡截然不同。图案中的女性有三人身穿单肩长裙，一人穿双肩长裙，但均与当时古埃及女性的修身吊带长裙有显著不同。男性当中有些人上身赤裸，下身穿短围裙，另一些人则身披单肩围裙，挽结或在左肩或在右肩，似乎没有一定之规，围裙下沿的长度均略微超过膝盖。另外，除少数男性的围裙为素色，其他人的衣物面料均有色彩艳丽的几何纹样。面料中的线条与色块属红色系与蓝色系。最后，古埃及书吏一如既往地赤裸双脚，但身后的亚洲人仅排头二人赤脚，其他人均穿着鞋子，其中男性足蹬凉鞋，疑似以皮革制成，女性与儿童则脚踏红色套鞋，鞋面可能以毛线钩织而成。

如图6-2最右侧所示的三幅肖像均反映了新王国时期亚洲人的衣着。首先，相较于中王国时期的亚洲人，此时的亚洲人也开始精心打理头发，而且叙利亚人与赫梯人分别头戴额带与小帽，沙苏人的黄发显然不是塞姆人的特征，而且头发与胡须

---

❶ 郭丹彤：《古埃及对外关系研究》，哈尔滨：黑龙江人民出版社，2005年，第72、146页。

❷ P.Newberry, F.Griffith, and H.Carter, *Beni Hasan*, London: Egypt Exploration Fund, 1898–1900,Vol.1, p.69.

图6-2　贝尼哈桑墓室壁画中的亚洲人

的色彩亦不一致，大概是染发或佩戴了发饰。另外，叙利亚人和沙苏人仍保留着茂盛的络腮胡，但赫梯人光洁的脸颊又显然不符合历史上真实的赫梯人形象。三人与古埃及人最显著的不同在于衣着，叙利亚人大概身着两件衣物，外面的衣物应该是将一张布围裹在身上再以束带固定而成。面料的装饰风格应该与图坦卡蒙出土的长巾类似，面料边缘是以彩色纱线织成的几何花纹，中央则是精美的绣花，题材包括植物枝条等，甚至可能还在几何图案的方格中缝缀了其他物品作为点缀。贴身衣物则是一件长短不明的袍子，由于未见当时的人有以织花工艺纺制圆形纹饰的记录，因此袍子上的圆形纹饰大概采用了印花、刺绣或缝缀的工艺。沙苏人的衣物虽不及叙利亚人的衣物精美，但同样色彩丰富。其装束似乎是在一件浅绿色长袍的外面套了一件短袍，长袍的下沿有流苏，短袍的边缘则可能是以织花工艺制成的几何纹饰，整幅面料则应当是以白色、红色面料拼合而成，上身的环形纹饰大小不一，说明其可能是一张兽皮。赫梯人的装束与贝尼哈桑墓室壁画中的亚洲人颇为相似。但安纳托利亚高原与埃及相隔甚远，中王国时期的赫梯商队不太可能越过中间人与古埃及发生直接联系，换言之，贝尼哈桑墓室壁画中的亚洲人如果真是远道而来的赫梯人，则理应有其他亚洲人陪同，因此这种相似应该只是巧合。

　　尽管古埃及从新王国时期开始，深度参与了西亚尤其是巴勒斯坦地区历史进程的发展，而图坦卡蒙出土的西亚风格的绣花方巾表明，古埃及统治者对于西亚的精美纺织品抱有欣赏的态度。但是，为何在长久的时间里，古埃及的衣物仍保持着朴素的风格，而不像亚洲人的衣服那样拥有丰富的色彩和华丽的纹饰？究其原因，一方面是由于亚洲人衣物的华美自有其前提，亚洲人用于制作面料的羊毛比古埃及人用的亚麻更易于染色，染色所用的茜红、靛蓝等染料可在当地获取。而且，古埃及人出于禁忌而对穿着羊毛面料有抵触；另一方面，叙利亚、巴勒斯坦地区长期处于小邦林立的状态，不能发展出较为强势的文化，尤其巴勒斯坦的城邦一度作为古埃及的附庸国，基本上是单向地接受古埃及影响。而古埃及在亚洲的主要对手如赫梯、亚述、巴比伦、波斯等，都在自己的核心领土内，在属于自己时代创造了属于自己的强势文化。尤其在古埃及法老时代的后期，亚洲各民族相继进入铁器时代，并且由小邦林立的格局逐渐整合为区域性帝国，而且各个帝国的领土规模越来越大，古埃及逐渐在竞争中落入下风。此时的古埃及坚持近交远攻的战略，但"远攻"屡次遭遇失败。而且，根据今人对西亚地区纺织品的研究来看，西亚地区普通民众的衣物也是以素色为主，及至年代较晚的亚述帝国时期，以彩色毛线编织而成的衣物仍仅供社会最顶层的少量人物穿着❶。可以想见，尽管西亚地区从事毛纺织生产的人口众多，但具有创意且技艺高超的佼佼者并不会很多，因而精美面料的产能并不会太高。因此，古埃及既难以通过贸易方式获取此类产品，又因为屡战屡败而难以直接掠夺产品或工匠。综上，距离古埃及较近的巴勒斯坦在文化方面长期处于弱势，大体上单方面地从古埃及接受影响；距离古埃及较远的地区有强大的本土文化，但与古埃及存在根本上的利益冲突，加之古埃及在法老时代晚期在与这些文明的较量中往往处于下风，对文化交流造成一定影响。

第二节　南方——撒哈拉沙漠以南非洲诸民族

从埃及向南溯尼罗河而上有几道落差较大的瀑布，被今人依次称为第一至第五瀑布。今埃及南方的阿斯旺大坝就是利用第一瀑布建成，而这道瀑布也正是古埃及南方的天然边界。边界以南的地区被学界统称为努比亚。但古埃及人又以第二瀑布为界将努比亚区分为两部分：第二瀑布与第一瀑布之间的区域被称为瓦瓦特（埃及语作 wAwAt），第二瀑布以南区域则被称为库施（埃及语作 kAS），学界分别称为下努比亚和上努比亚。其中，下努比亚距离古埃及较近，交通也相对便捷，两地的互动同样早在新石器时代就在持续进行。此时当地土著按照考古学的分类方式被称为 A 组群（A Group）文化类型，其文明进程相对滞后于古埃及，以至于古埃及虽尚未出现统一政权，但古埃及南部的地方势力却已经开始向下努比亚扩张。及至古埃及第一王朝建立未久，下努比亚地区土著被迫向南远遁，从此不知去向。第六王朝时，兴起于上努比亚属于 C 组群（C Group）文化类型的黑人开始向下努比亚甚至古埃及境内迁徙，此后古埃及文献当中所提到的库施人或曰努比亚人即指这些黑人。

❶ Pierre Villard，"Les textiles néo-assyriens et leurs couleurs"，in C.Michel ed., *Textile Terminologies, in the Ancient Near East and Mediterranean from the Third to the First Millennia BC*, Oxford: Oxbow Books, 2010, p.397.

努比亚人的文明进程大大滞后于古埃及人。另外，努比亚盛产黄金，对于古埃及经济具有重要意义。此外，当地的铜、天青石、紫水晶、乌木等自然资源，以及人口与牲畜，都是古埃及进行掠夺的对象。因此，每当古埃及在国内恢复秩序之后，一定会恢复对于下努比亚的控制，并以此为基地向上努比亚扩张❶。图坦卡蒙即有一双凉鞋即以努比亚的乌木制成，并以贴金镂空工艺装饰有图案，尤其在与脚底接触的一面刻有努比亚人的肖像，每当国王穿着这双凉鞋走路即象征着对努比亚的征服。不难想见，大量努比亚人以战俘的身份或以内附的方式进入古埃及生活和工作，或是分散在官僚贵族的家中充任奴仆，或是有组织地为政府或军队提供服务。尤其一支名为麦扎伊（mDAj）的部落由于成员广泛分布于各部门充任差役，以至于古埃及人后来把差役全部称为麦扎伊，而无论担任该职务的人是否属于该部落。为了规范贸易秩序，古埃及在努比亚边境建筑了一系列的堡垒和要塞，以便监管努比亚人的流动情况。努比亚人只有在从事正当的商业活动才允许通过边境进入古埃及，并且在他们进行完活动后必须返回努比亚。努比亚人的出入境情况均被边境监察官用草纸记录了下来❷。

在新王国时期的彩绘壁画中，努比亚人的形象开始大量出现。其体貌特征为典型的黑人，皮肤黝黑，嘴唇肥厚，头发有细密的自来卷并染成红色或土黄色，胡须不发达。在努比亚土生土长的人由于文化落后外加气候炎热而穿着简单。无论男女都袒露上身，男性穿着长度仅到大腿的短围裙。除此之外，努比亚人的显著特征是耳垂部位有夸张的耳环，且身体正前方有一条垂带遮住裆部，垂带多为红色并有菱形或圆形纹饰（图6-3）。精英阶层的努比亚男性还通过额带在额头正上方插一根鸟羽。与此同时，在古埃及的努比亚人被迅速同化，与同等身份的古埃及人穿着无异。图6-3中努比亚人的形象就兼具古埃及人与努比亚人的衣着特点。其贴身衣物是同时代古埃及人的长围裙，但外衣仍保留着努比亚人传统的兽皮围裙、红垂带和夸张的耳环，而且垂带长度还有所延长。

图6-3　亚述国王与被俘的努比亚武士

❶ 郭丹彤：《古埃及对外关系研究》，哈尔滨：黑龙江人民出版社，2005年，第5-6页。

❷ 葛会鹏：《论古埃及南部要塞的功能及其影响》，《东北师大学报（哲学社会科学版）》2018年第4期，第126-127页。

古埃及文化对于努比亚人而言是一种强势文化，古埃及文化对于努比亚人的影响几乎是单向的。当努比亚人于公元前8世纪在纳帕塔（Napata）建立政权之后，其文明已经具有浓厚的古埃及韵味。而当该政权征服古埃及并建立第二十五王朝之后，为了使古埃及人接受其为正统，在美术创作中掀起了复古的风气，国王与贵族的肖像大多刻画为身着古埃及古王国时期传统服饰的模样，在建筑方面也极力模仿金字塔和古埃及神庙的样式❶。与早期古埃及的金字塔相比，努比亚王朝时期的皇室陵墓通常是小型的塔形建筑，称为"努比亚金字塔"，这些金字塔规模不大，但数量众多且分布广泛。努比亚的金字塔通常采用陡峭的斜坡设计，顶部较小，体现了努比亚人对传统形式的创新。陵墓内部则通常会用壁画装饰，描绘亡者生前的场景和对来世的期盼，表现了生与死的循环观念。

然而正如前文所述，当努比亚统治下的古埃及与亚述爆发战争之后，亚述浮雕所刻画的被俘的努比亚武士体现出黑人典型的体貌特征，但其衣着既非古埃及贵族的服饰，也非盔甲，而仍是努比亚贵族的常服。这一方面体现了古埃及文化对于努比亚人的强势影响，另一方面也表明某些传统的根深蒂固，但无论如何，努比亚人的服饰对古埃及并无太大影响。

在努比亚的南方还有一个更具神秘色彩的地区名为蓬特（Punt，埃及语作pwnt）。古埃及远征蓬特的记录最早见于古王国时期，但学界至今无法确认蓬特的确切地理位置，但普遍认为其可能位于现今埃塞俄比亚或也门附近。古埃及人由东部的哈马马特旱谷（Wadi Hammamat）经红海前往蓬特，带回乌木、乳香、没药等珍贵香料以及其他奇珍异品❷。由于路程艰辛，派遣商队成功从蓬特带回珍品对于古埃及国王而言是值得大书特书的功绩。但同样由于路途艰辛，两地的交流无论频率、规模都较有限。然而，蓬特的奇珍异品尤其是没药、乳香等香料对于国王与官僚贵族的奢华生活具有重大意义。

第三节　西方——利比亚诸民族

尽管如今的学术界将古埃及西方的游牧部落统称为利比亚人，但其中包括若干

---

❶ 郭丹彤：《古埃及对外关系研究》，哈尔滨：黑龙江人民出版社，2005年，第11–13页。

❷ 李晓东：《古埃及红海航路考》，《东北师大学报（哲学社会科学版）》2010年第6期，第67页。

个生活在这一区域的部族，而且这些部落在漫长的历史中也经历了一定的融合。利比亚人主要居住在地中海沿岸的狭长地带以及撒哈拉沙漠与尼罗河谷的边缘地带。古埃及人早在前王朝时期就与利比亚人保持着接触，但两者的接触直到新王国时期才骤然增多。一部分利比亚人在这时迁入古埃及境内并在尼罗河三角洲定居，并在第三中间期建立了若干个王朝以及一些割据政权，深度参与了古埃及国王时代的晚期历史。

第三中间期之前，古埃及经历了新王国的辉煌时期，然而随之而来的内部动乱和权力真空导致了国家的衰落。公元前1070年，法老拉美西斯十一世的统治结束后，古埃及出现了多个地方王朝的割据局面。这一时期，政治分裂使得古埃及变得脆弱，外族势力便趁机入侵。外族的主要入侵者包括利比亚部落、努比亚人以及亚述人等。他们以军事实力和经济利益为导向，试图占领和控制古埃及的丰富资源。特别是利比亚的部落，他们在逐渐渗透和侵占后，建立了自己的王朝，给古埃及的统治带来了极大的挑战。

在政治方面，外族的入侵直接导致了古埃及政治权力的重组。利比亚人在古埃及北部建立了利比亚王朝，尽管他们最初是以雇佣军的身份进入，但逐渐掌握了权力。这一王朝的建立意味着古埃及统治者的更替与外族统治的融合，政治上呈现出多元化的局面。外族统治者往往对当地文化和习俗进行部分吸收和融合，形成了新的统治模式。例如，利比亚王朝的统治者在很多方面沿用了古埃及的行政制度和宗教信仰，试图维持国家的稳定。尽管如此，外族统治者的合法性和治理能力始终受到质疑，政治的不稳定性也随之加剧。外族入侵不仅改变了政治结构，也对经济产生了深远影响。外族入侵导致贸易路线的中断，尤其是在内陆的贸易。许多商业活动受到制约，导致物资短缺和经济衰退。另一方面，外族统治者为了巩固自己的地位，往往对农民施加重税，这使得农民的生活更加困苦，农业生产受到影响。然而，由于外族对古埃及资源的需求，某些地区的资源开采和农业生产仍然得以维持，形成了一种相对复杂的经济状况。

文化上，外族的入侵带来了多元文化的交融。虽然利比亚王朝等外族统治者在政治上占据优势，但他们也不可避免地受到古埃及文化的影响。这一时期，古埃及的艺术、建筑和宗教仪式等领域出现了一些新的元素，体现了外族与本土文化的融合。此外，外族统治下的古埃及人对外族的接受程度不同，有些地区表现出对外族统治的抵制，文化的对立与融合并存。这一复杂的文化背景为后来的文化发展奠定了基础。

外族入侵的影响并没有在短期内消失，而是深刻地改变了古埃及的历史轨迹。

在第三中间期结束后，古埃及的统治形式经历了深刻的转变。外族的统治不仅导致了古埃及的分裂和动荡，还促成了后来的外族入侵，如亚述和波斯的入侵。在此期间，古埃及社会的结构和文化逐渐适应了外族的影响，形成了新的社会认同。这种认同不仅仅是基于政治上的统治，还包括了文化上的交融和经济上的适应。虽然外族的统治使古埃及经历了困难和挑战，但也为后来的统一和复兴奠定了一定的基础。

古埃及第三中间期的外族入侵是一个复杂的历史过程，对古埃及的政治、经济和文化产生了深远的影响。外族入侵带来的不仅是挑战与动荡，还有文化的交融与变革。通过对这一时期的研究，可以更好地理解古埃及历史的发展脉络及其后来的演变。尽管外族入侵对古埃及造成了重创，但在一定程度上也推动了社会的变革与发展，为后来希腊化时期的再次繁荣奠定了基础。

而在中王国时期，贝尼哈桑1号墓的彩绘壁画（图6-4）描绘了当时利比亚人的相貌和衣着。相比于古埃及男性，利比亚人皮肤更加白皙，瞳孔的颜色则偏浅，头发与络腮胡均染成红色。此时的利比亚男性仅在下身围有一条围裙，围裙的长度一般与膝盖平齐，鉴于当时的利比亚人以游牧经济为主，其围裙的面料可能是以毛线钩织而成。但图6-4未体现利比亚人衣着的一个最典型特征，即在头顶插鸵鸟或其他鸟类的羽毛作为装饰。

新王国时期的利比亚人与中王国时期相比特貌特征未发生显著变化。肤色仍较古埃及人白皙，但遍布又身。头发和胡须也不再染成红色。但利比亚人的衣着方面与以往有显著不同，一方面他们也在围裙的基础上增加了一件挎肩长袍，而且就纹

图6-4　中王国时期彩绘壁画中的利比亚人

饰的复杂程度来看应该是以编织的方式制成。

古埃及文化对利比亚人而言，正如其对努比亚人一样是强势文化。利比亚人在新王国时期开始向三角洲地区以细水长流的形式移民，虽在一定程度上改变了当地的人口结构，但自身也迅速被同化。在新王国时期结束后，利比亚人甚至在三角洲地区建立了一系列所谓"利比亚王朝"的割据政权。然而，统治者除了姓名还保留着利比亚人的特征，其他方面已与古埃及人无异。包括服饰文化在内的古埃及文化对于古埃及境内利比亚人的影响同样是单向的。

第四节　北方——古希腊的影响

从北方渡过广袤大海而来的古希腊文明对古埃及的影响虽晚，但正如古埃及单向地影响着努比亚人与利比亚人，古希腊文明对古埃及的影响也几乎是单向的，在服装方面甚至可能将古埃及传统服装彻底取代。

古埃及与古希腊的交流可以追溯到很久之前。新王国时期的古埃及墓葬中就曾出土产自克里特岛的商品，但随着克里特文明戛然而止，两地的交流长期中断。在古埃及最后几个王朝，古希腊与古埃及重新建立联系，并在对抗波斯方面有不少合作，最终，亚历山大击败波斯帝国同时把已经沦为波斯行省的古埃及一道收入囊中。亚历山大死后，部将们瓜分其政治遗产，托勒密以古埃及为核心建立了托勒密王国。在托勒密王国统治下的古埃及，土著居民与古希腊移民究竟是何关系，学者们的意见不一而足。一种较为极端的观点分别是两个族群之间泾渭分明，另一种极端的观点则认为两者已彻底融合，其他学者则试图调和两者❶。但由于古埃及土著在托勒密王国事实上处于受歧视的地位，而且两个族群之间的紧张局面时有出现，显然此时的古埃及人即使想要主动地接受希腊化，也会受到来自古希腊人的抵制，因而笔者认为古埃及土著的希腊化在此时程度尚较低。及至罗马共和国终结托勒密王朝，将埃及化为罗马共和国治下的一个行省，尤其是不再根据种族区别埃及人与希腊人这两个族群，而仅根据其居住地都市人或乡村人，分别划定征税标准❷，只有到这时埃及人接受希腊化的障碍会消失，希腊化的速度才会加快。因此，到1世

❶ Roger S.Bagnal, *Egypt in Late Antiquity*, Princeton: Princeton University Press, 1993, p.230.

❷ 同❶, p.232.

古埃及服饰研究

纪中后期，亦即埃及成为罗马共和国行省将近一百年时，墓室壁画中的埃及男子已经是典型的希腊装束。该男子贴身穿着一件名为基同（chiton）的白色上衣，外面套着一件名为希马提翁（himation）的长袍❶。

恰在同时，基督教传入埃及，并且从亚历山大城说希腊语的犹太人迅速扩散至其他族群。而且，希腊文化在罗马东方各行省较罗马文化更占上风，这使埃及的基督教会具有浓厚的希腊韵味。而且，可能会令许多人感到意外，埃及如今虽是伊斯兰国家，但在当时却是基督教修道院的发祥地之一。帕特穆修斯（Patermuthius）率先对修士的着装进行规范时，其所提及的衣物已经全部是希腊式样的衣物❷。一方面，这表明希腊式样的衣物在当时至少对于修士群体而言并不陌生。另一方面，此举势必进一步强化希腊服饰在修士群体的影响，并通过修士向教众乃至整个民间进一步传播。

总而言之，古希腊文明对古埃及的影响产生时间最晚，但影响却最深刻。而且古希腊服装取代古埃及传统服装所依仗的并非托勒密王朝的政府强权，而是依仗古希腊文化本身的强势并在后期借助了基督教的传播，托勒密王朝的政府强权反而发挥了反作用。

第五节　现代时尚产业中的古埃及因素

古埃及文明是人类历史上最古老和最辉煌的文明之一，拥有超过三千年的历史。其独特的艺术风格、复杂的宗教信仰和社会结构，形成了丰富的文化遗产。这些遗产不仅在考古学、历史学等学科中具有重要价值，也为现代设计提供了源源不断的灵感。

现在的阿拉伯男性最常穿的罩袍很可能受到过古埃及服饰的影响。首先，它们在形制上有很多的相似之处，"从古埃及第十八王朝开始，王子们经常穿着一种精致优雅的叫作'王室的罩袍（royal haik）'的服饰，这是一种非常宽大的衣服，类

---

❶ Christina Riggs, *The Beautiful Burial in Roman Egypt, Art, Identity, and Funerary Religion*, Oxford: Oxford University, 2005, p.13.

❷ Ingvild S.Gilhus, *Clothes and Monasticism in Ancient Christian Egypt, New Perspective on Religious Garments*, New York: Routledge, 2021, pp.38−39.

似于阿拉伯的罩袍，在脖子下方系一个结固定在身体上"❶。这两种服饰在形制和类型上具有很大的相似性，它们之间很可能具有一定的传承性。

除此之外，"古埃及人的鞋子如此实用，在世界的大部分地区，这种鞋子仍然被使用"❷，现在流行于世界各地的人字拖鞋的发源地很可能是古埃及。同样的，古埃及人的眼影在今天仍然很流行。在20世纪20年代，随着普罗大众对古埃及文化的了解，"一种'埃及式的装束'开始在美国和欧洲流行起来，在很多国家，眼影仍然被用作装饰"❸。

曾经在古埃及和两河流域十分流行的衣服流苏装饰，在近现代仍然十分常见，在20世纪70年代的美国，西部牛仔的衣服上经常缝上流苏用来装饰。现在中国人的衣服仍然用流苏装饰，我们的学位服饰中帽子上的流苏就是最常见的例子。

与此同时，古埃及服饰的诸多元素仍然影响着当代的服装设计，最为突出的例子便是古埃及人对于颜色的搭配和使用。古埃及服饰的色彩运用不仅在历史上具有重要的文化意义，也对现代服装设计产生了深远的影响。古埃及人对于色彩的选择与运用反映了他们的宗教信仰、社会地位以及生活方式。现代设计师在色彩选择上，常常借鉴古埃及的色彩美学，以传递情感、风格和文化意蕴。

在古埃及，色彩不仅是装饰，它们还承载着丰富的象征意义。例如红色常代表生命和力量，但在某些情境中也象征着混乱和危机，现代服装中，红色常用来传达激情和能量，许多设计师使用这一色彩来吸引眼球；而蓝色象征着宁静与神秘，通常与水和天空相联系。在古埃及，蓝色被视为一种神圣的颜色，现代设计中往往用蓝色来营造优雅和安静的气氛；再比如绿色代表生长与繁荣，古埃及将绿色与重生和自然联系在一起，现代时装中，绿色的运用则体现了环保和可持续发展的理念。黄色则是象征着阳光和黄金，通常与神圣的生命力相连。在现代设计中，黄色常用于活泼、积极的服装设计中，传达出快乐和温暖的情感；在古埃及文化中，黑色通常代表神秘和死亡，但也象征着肥沃的土地和复苏。现代服装设计中的黑色则被广泛应用于经典与高雅的设计中，展现出一种永恒的魅力。与黑色相反的白色代表纯洁与神圣，常与神灵和祭祀相关联。现代服装设计师常用白色来传达简洁与干净的

❶ Francois Boucher, *20000 Years of Fashion: the History of Costume and Personal Adornment*, New York: Happy N.Abrams, Inc Press, 1967, p.97.

❷ Bob Brier、Hoyt Hobbs, *Daily Life of the Ancient Egyptians*, London: Greenwood Publishing Group Press, 2008, p.141.

❸ Sara Pendergast、Tom Pendergast, *Fashion, Costume and Culture*, Vol.1: *the Ancient World*, Detroit: U·X·L Press, 2004, p.42.

感觉，特别是在婚礼和正式场合。

现代设计师在设计过程中，往往从古埃及的色彩运用中汲取灵感，以创造出具有文化深度和视觉冲击力的服装。古埃及服饰的色彩搭配往往是分层的，具有丰富的层次感。现代设计中，色彩的分层搭配能为服装增添动态感，使穿着者的每一个动作都能展现出不同的色彩效果。这种理念在现代时尚界被广泛应用，例如，流行的渐变色效果和多层次的搭配方式。现代设计师在设计时，常常结合不同文化的色彩元素，创造出融合多种文化的时尚。例如，一些设计师在其系列设计中运用古埃及的色彩，同时结合现代的剪裁和面料，形成独特的风格。这种跨文化的设计理念，丰富了现代服装的表现形式。

古埃及服饰的色彩不仅用于美观，还传达着情感和心理状态。在现代服装设计中，这一理念同样被继承并发展。不同色彩所传达的情感在现代服装设计中尤为重要。设计师通过选择特定的色彩组合，来引导观众的情感反应。例如，温暖的色调（如红、黄）常用于春夏系列，以传达活力与生机，而冷色调（如蓝、绿）则多用于秋冬系列，营造出沉静和舒适的氛围。现代时尚界对颜色心理学的研究日益深入，设计师在色彩运用上会考虑到消费者的心理反应。例如，红色能刺激食欲，因此常见于餐饮行业的服装设计；而蓝色则能够传达专业和信任感，常被应用于商务服装中。

古埃及的色彩运用影响了许多时代的时尚潮流，尤其是在复古风潮兴起的当今社会。随着复古风潮的回归，古埃及色彩元素重新被现代设计师所青睐。许多时装品牌在其季节性系列中融入古埃及的色彩灵感，通过现代剪裁和设计手法，将古典与现代完美结合。现代时尚界对色彩的流行趋势有着敏锐的洞察。设计师们关注流行色的发布，许多色彩预测机构会将古埃及色彩元素纳入考虑范围。例如，某些年度流行色如深蓝、金黄，往往会受到古埃及文化的启发。

古埃及服饰的色彩多是通过天然染料实现的，这一传统在现代设计中也得到了延续。而现代设计师越来越重视环保和可持续发展，许多品牌开始回归使用天然染料。这种染料不仅健康环保，还能与古埃及色彩的文化内涵相结合，创造出富有历史感的服装。古埃及人常用亚麻等天然材料，这种材料的质感和光泽与现代许多面料有着相似之处。设计师在选择面料时，常考虑如何与所用色彩相辅相成，以达到最佳的视觉效果。例如，丝绸的光泽能增强深色的优雅感，而棉麻则更适合传达自然、舒适的感觉。古埃及服饰中的色彩运用对现代服装设计的影响深远且多维。古埃及色彩不仅仅是审美的表现，它们承载着丰富的文化象征和情感表达。现代设计师在创作时，借鉴古埃及的色彩理念，创造出兼具传统与现代的时尚作品，丰富了当代服装的视觉语言和文化深度。古埃及色彩的运用在现代设计中持续展现其活力，不仅是对历史的致敬，更是对未来时尚潮流的持续影响。通过色彩的力量，设计师们能够传达情感、讲述故事，并将不同文化元素融汇于一身，推动时尚界的不断创新与发展。

除了颜色精巧的运用与搭配，现代时尚业在设计上同样也会借鉴古埃及流传千载的象形文字符号以及出土文物的特点。古埃及的象形文字以其简洁而生动的图案著称，常常结合动物、植物和人物等元素。这些符号通常具有鲜艳的颜色和精细的装饰，使其在视觉上十分吸引人。这种独特的美学使古埃及的象形文字成为现代时尚设计中重要的视觉元素。这些广泛应用于配饰设计中，包括耳环、项链和手链等。例如，许多珠宝品牌设计师在创作时使用象形文字作为灵感，设计出带有古埃及符号的独特珠宝。而同样地，也有一些古埃及文明的爱好者在精益求精，尝试对古埃及所遗留的首饰进行复原，因为这种设计不仅美观，还赋予了珠宝深厚的文化内涵，让佩戴者在享受美丽的同时，也能感受到历史的厚重。

除此之外，古埃及文化元素也越来越多地出现在博物馆的文创产品之上。例如文具、家居用品等。这些产品往往结合古埃及的图案、颜色和形状，设计出既实用又富有文化氛围的物品。例如，印有古埃及象形文字的笔记本、带有法老图案的杯子等，既满足了日常使用需求，又使消费者能够感受到古埃及文明的魅力。而许多博物馆还设计了以古埃及文化为主题的艺术品和装饰品，如丝巾、装饰画、雕塑和陶器等。这些产品不仅可以作为家庭或办公室的装饰，还能够提升空间的文化氛围。例如，以古埃及神话为主题的艺术画作和雕塑作品，既展现了艺术家的创意，也反映了古埃及文化的深度和丰富性。

通过文创产品的普及，公众可以更直观地了解古埃及文化和历史。这些产品不仅是博物馆展览的延伸，更是文化传播的重要工具。例如，带有古埃及象形文字的文具，不仅使用方便，也激发了公众对古代文化的好奇心，促进了对历史知识的学习。文创产品作为文化交流的载体，能够吸引不同文化背景的人群。通过参与博物馆的活动和购买文创产品，公众不仅能深入了解古埃及文明，还能与其他文化进行对话，促进文化的融合与交流。

现代时尚产业中融入古埃及元素，反映了人们对这一古老文明的热爱与敬畏。古埃及的色彩、图案、服装设计和珠宝配件等在当代时尚中焕发出新的生命，成为一种跨越时空的文化表达。这不仅展示了古埃及文化的永恒魅力，也促使现代设计师在作品中不断探索和创新。通过这些古代元素，现代时尚不仅是一种审美追求，还是对历史、文化和人类共同遗产的传承与尊重。

结语

古埃及人的生活环境很少发生变化。尼罗河每年定期泛滥，灌溉沿岸的土地，留下肥沃的可以耕种的淤泥，炎热的太阳炙烤着大地，几千年如一日，几乎没有发生显著变化，就是在这种变化很小的环境中，古埃及文明产生发展，直到最后衰亡。由于远古社会生产力的发展速度较慢，可供古埃及人选择的纤维、染料、纺织技术与印染技术都比较有限，古埃及人关于生命静止的观念又使这个民族并不总是在思想文化方面表现活跃，气候、物质与文化三个因素共同决定了古埃及服饰的演化速度比较缓慢。

简而言之，古代文明的服饰文化研究所面临的主要困境有两方面。第一是实物史料的稀缺，尽管饰品由于多以无机材料制成因而可以长久保存，但织物和毛皮由于属于有机物，极易腐烂消失。而且，这种困境并非仅限于古埃及服饰这一研究领域，而是普遍存在于所有古代文明的研究领域。第二是文字史料与图像史料的脱节。尽管各个古代文明的人们早就开始穿衣，也早就开始画图记事甚至由此发展出自己的文字，但是通过文字对本民族服装形式进行系统描述的观念却出现较晚，且未必存在于每一个古代民族，抑或是古人的描绘未能流传至今。而且文字史料和图像史料的用途、形式与内容往往导致其不能准确或及时地反映古人真实的衣着情况。

同时，古人的生产力水平较低，受自然条件制约的程度更大。决定古埃及选择素色亚麻布作为主要服装面料的决定性因素是埃及的气候、植被与矿产，是由于棉花传入埃及较晚，亚麻相较于羊毛与棉花对于染料的吸附能力更差，而且埃及不出产茜红、靛蓝等颜色艳丽的植物性染料，以上客观条件共同决定了古埃及人民衣物的主要风格特征，而不是古埃及人的主观喜好。

古埃及长期属于奴隶社会。奴隶社会根据一系列特征可分为原始的奴隶制社会和发展的奴隶制社会。原始的奴隶制为家长制奴隶制，奴隶还不是整个经济的基本劳动力，而是主人助手，生产的目的在于生产直接生活资料，社会上存在显著的小生产阶级，文化形态低速发展。在发展的奴隶制下，生产力有更高度的发展，生产的目的在于生产商品，商品、自由的生产者已大量被奴隶排挤于基本的生产范围之外并陷入赤贫化，文化有较高速度的发展❶。换言之，以自给自足的大地产为基础的氏族贵族逐渐没落，地方贵族、官僚贵族和工商贵族则逐渐崛起，自由民先是逐渐摆脱氏族家长的控制，但大部分人后来又随着商品经济的发展而逐渐破产，其规模以及其所享受的自由经历了先扩大再萎缩的过程。

沿着上述线索，与服饰文化相关的纷杂的史料便呈现出鲜明的时代特色。在古王国时期，国王享有全国的人力与物力，能建造气势恢宏的金字塔。由于金字塔的内部墓道并无太多复杂的装饰图案，配套的地上建筑则因年代久远而损毁严重，因此反映国王服饰的图像史料并不十分充足。然而，第五王朝末期与第六王朝的金字塔刻有"金字塔文"，是专属于王室的重要的丧葬文献，虽以文字形式对国王的服饰有所反映，但由于文献内容为逝去的国王如何前往来世，其作为文字史料对服饰的描述是否具有现实意义值得怀疑。氏族贵族凭借金字塔周边区域的马斯塔巴已经充分展现了其雄厚的财力，而且作为直接掌握大量财富的人，一方面他们为自己制作了大量精美的石头雕像，另一方面他们也乐于在墓中以浮雕或壁画的形式描绘庄园的集体劳动场景，或者庄园管事们成群结队缴纳贡品的场景，因而为今人研究古王国时期的

❶ 林志纯：《日知文集·第一卷·远足丛稿》，北京：高等教育出版社，2012年，第1卷，第138-140页。

贵族服饰和平民服饰均提供了宝贵的图像资料。

中王国时期的两个王朝分别建都于今卢克索与利施特（Lisht）。卢克索由于在新王国时期再次成为都城，中王国时期的建筑在后来的大规模营建活动中遭到相当程度的破坏，而在利施特，由于当地水文环境的变化以及人为破坏的原因，中王国时期的宫殿以及王陵至今未被发现。因此，关于这一时期王室与大贵族的服饰问题，无论图像史料或是文字史料都比较少。另一方面，古埃及各地的地方贵族留下许多石碑。中王国时期地方贵族石碑中的图案与古王国时期氏族贵族墓室浮雕中的图案存在鲜明对比，前者做工粗劣，后者做工精良，前者多表现墓主人的家族成员向墓主人敬献祭品的场景，后者多表现墓主人视察田庄的场景。最重要的一项对比是，古王国时期氏族贵族的墓葬集中建造于一个区域，浮雕的雕刻者之间可能存在师承关系，因此尽管题材并不完全相同，但人物的服装高度雷同。中王国时期地方贵族的墓碑出自埃及各地，出自不同的雕刻者之手，因而人物的服装虽然在款式类型方面相较于古王国时期没有显著变化，但具体的长短肥瘦以及衣物搭配非常多样。另一方面，与古王国时期的情况相类似，涉及服饰的文字史料多属于"棺文"等丧葬文献，对于研究古埃及人现实的服饰文化价值有限。

新王国时期是古埃及文明的鼎盛时期，而且有宏大的宫庙建筑与众多的贵族墓葬留存至今。尤其国王图坦卡蒙的墓葬是古埃及唯一未遭盗掘的王陵，丰富的文物是今人了解古埃及国王服饰的重要实物史料。麦地那工匠村则由于种种偶然因素，为今人留下了解这一时期平民服装文化的重要史料。

从历时的角度看，图像史料所反映的服装以新王国时期作为分水岭。围裙刚开始的时候较短，而且民众阶层的围裙长期如此，但是上流阶级的围裙逐渐变长，一开始长及膝盖，然后到小腿，甚至长及脚踝。但从早王朝时期到中王国时期的一千多年里，古埃及服饰未发生革命性的变化，区别只在于围裙的长度，翻边的形状与大小。从新王国时期开始，随着古埃及对外交流的增多，王室与贵族的服饰在颜色和款式方面都有所丰富。在第二十五王朝时期，统治者虽为努比亚地区的黑人，但在文化领域出现一定程度的复古。在此时的美术作品中，人物肖像多穿着古王国时期风格的衣物，但笔者不能确定人们的实际穿着是否也出现复古现象。然而，古埃及有丰富的词汇用于表述布料、服装，图像史料中服装类型的单一与文字史料当中服装词汇的丰富形成强烈反差。

从共时的角度看，随着阶层与官职的不同，古埃及服饰在制作和搭配上也存在一定差异。尤其文字史料体现最为明显，不同的社会阶层之间存在不可逾越的鸿沟。古埃及王室人员的服饰不同于朝臣的服饰，贵族管家的服饰又不同于仆人、牧人和船夫的服饰。工匠村文献中的衣物极少见于更高阶层的文献，反之亦然，贵族与平民俨然生活在两个世界。

参考文献

［1］ ADAMS N. K. Political Affinities and Ecomonic Fluctuations: the Evidence from Textiles ［J］. Ancient Textiles: Craft, Production and Society, 2007.

［2］ SHUBERT S. Decoration in Egyptian Tombs of the Old Kingdom: Studies in Orientation and Scene Content by Yvonne Harpur (review) ［J］. Echos Du Monde Classique: Classical Views, 2018, 34: 282-286.

［3］ GOELET O. Nudity in ancient Egypt ［J］. Source: Notes in the History of Art, 1993, 12 (2): 20-31.

［4］ LEGRAIN G. Statues et Statuettes de Rois et de Particuliers ［M］. Cairo: Institut Français d'Archéologie Orientale, 1906.

［5］ SALEH M, SOUROUZIAN H. Die Hauptwerke im Ägyptischen Museum Kairo, Offizieller Katalog ［M］. Mainz: Philipp von Zabern, 1986.

［6］ VANDIER J. Manuel d'archéologie égyptienne ［M］. Paris: Picard, 1952-1978.

［7］ WHITE J. Everyday Life in Ancient Egypt ［M］. Batsford: G. P. Putnam's Sons, 1963.

附录

附录1　古埃及历史王朝列表

附录1参照：Ian Shaw ed., *Oxford History of Ancient Egypt*, Oxford: Oxford University Press, 2000。

旧石器时代（约公元前700000—前7000年）

新石器时代（约公元前8800—前4700年）

前王朝时期（约公元前5300—前3000年）

早王朝时期（约公元前3000—前2686年）

　　第一王朝（约公元前3000—前2890年）

　　阿哈（Aha）

　　捷（Djer）

　　捷特（Djet）

　　登（Den）

　　梅尔内特王后（Queen Merneith）

　　阿尼吉布（Anedjib）

　　卡阿（Qua'a）

　　第二王朝（公元前2890—前2686年）

　　赫特普塞赫姆威（Hetepsekhemwy）

　　拉内卜（Raneb）

　　尼内彻尔（Nynetjer）

　　委内戈（Weneg）

　　塞内德（Sened）

　　佩尔伊布森（Peribsen）

　　哈塞赫姆威（Khasekhemwy）

古王国时期（公元前2686—前2160年）

　　第三王朝（公元前2686—前2613年）

　　内布卡（Nebka）

　　左塞尔（Djoser）

　　塞赫姆赫特（Sekhemkhet）

　　哈巴（Khaba）

　　萨纳赫特（Sanakht）

　　胡尼（Huni）

　　第四王朝（公元前2613—前2494年）

　　斯尼夫鲁（Sneferru）

　　胡夫（Khufu）

　　斋德弗儒（Djedefra）

　　哈弗瑞（Khafra）

　　曼考瑞（Menkaura）

　　塞普赛斯卡夫（Shepseskaf）

　　第五王朝（公元前2494—前2345年）

　　乌塞尔卡夫（Userkaf）

　　萨胡拉（Sahura）

　　内弗尔伊瑞卡拉（Neferirkara）

　　晒普瑟斯卡拉（Shepseskara）

　　拉内弗尔夫（Raneferef）

　　尼乌塞尔拉（Nyuserra）

　　曼考霍尔（Menkauhor）

　　斋德卡拉（Djedkara）

　　乌纳斯（Unas）

　　第六王朝（公元前2345—前2181年）

　　特提（Teti）

　　乌瑟尔卡拉（Userkara）

　　佩匹一世（Pepy Ⅰ）

　　美瑞拉（Merenra）

佩匹二世（Pepy Ⅱ）

尼提克瑞特（Nitiqret）

第七王朝和第八王朝（公元前2181—前2181年）

数位名为内弗尔卡拉的国王走马灯似的轮换

第一中间期（公元前2181—前2055年）

第九王朝和第十王朝（公元前2160—前2025年）

赫提（Khety Meryibra）

赫提（Khety Nebkaura）

美瑞卡拉（Merykara）

第十一王朝（底比斯王朝，公元前2125—前2055年）

尹泰弗一世（Intef Ⅰ）

尹泰弗二世（Intef Ⅱ）

尹泰弗三世（Intef Ⅲ）

中王国时期（公元前2055—前1650年）

第十一王朝（公元前2055—前1985年）

孟图霍特普二世（Mentuhotep Ⅱ）

孟图霍特普三世（Mentuhotep Ⅲ）

孟图霍特普四世（Mentuhotep Ⅳ）

第十二王朝（公元前1985—前1773年）

阿蒙涅姆赫特一世（Amenemhat Ⅰ）

辛努塞尔特一世（Senusret Ⅰ）

阿蒙涅姆赫特二世（Amenemhat Ⅱ）

辛努塞尔特二世（Senusret Ⅱ）

辛努塞尔特三世（Senusret Ⅱ）

阿蒙涅姆赫特三世（Amenemhat Ⅲ）

阿蒙涅姆赫特四世（Amenemhat Ⅳ）

索贝克内弗汝王后（Queen Sobekneferu）

第十三王朝（公元前1773—前1650年）

威伽夫（Wegaf）

索贝克霍特普二世（Sobekhotep Ⅳ）

内弗尔霍特普（Neferhotep）

阿蒙尼尹特弗（Ameny-intef）

霍尔（Hor）

汗杰（Khendjer）

索贝克霍特普三世（Sobekhotep Ⅲ）

内弗尔霍特普一世（Neferhotep Ⅰ）

萨哈托尔（Sahathor）

索贝克霍特普四世（Sobekhotep Ⅳ）

索贝克霍特普五世（Sobekhotep Ⅴ）

阿伊（Ay）

第十四王朝（公元前1773—前1650年）

次王朝存在有争议，有可能是后世对第十五王朝祖先崇拜的误记。

第二中间期（公元前1650—前1550年）

第十五王朝（希克索斯王朝，公元前1650—前1550年）

塞克尔赫尔（Sekerher）

希安（Khyan）

阿佩匹（Apepi）

哈姆迪（Khamudi）

第十六王朝（公元前1650—前1580年）

底比斯早期统治者，与第十五王朝并存

第十七王朝（约公元前1580—前1550年）

拉霍特普（Rahotep）

索贝克姆萨弗一世（Sobekemsaf Ⅰ）

尹特弗六世（Intef Ⅵ）

尹特弗七世（Intef Ⅶ）

尹特弗八世（Intef Ⅷ）

索贝克姆萨弗二世（Sobekemsaf Ⅱ）

西阿蒙（Siamun）

塔阿（Taa，即我们通常称为塞肯南瑞－陶的法老）

卡摩斯（Kamose）

新王国时期（公元前1550—前1069年）

第十八王朝（公元前1550—前1295年）

阿赫摩斯（Ahmose）

阿蒙霍特普一世（Amenhotep Ⅰ）

图特摩斯一世（Thutmose Ⅰ）

图特摩斯二世（Thutmose Ⅱ）

图特摩斯三世（Thutmose Ⅲ）

哈特舍普苏特（Hatshepsut）

阿蒙霍特普二世（Amenhotep Ⅱ）

图特摩斯四世（Thutmose Ⅳ）

阿蒙霍特普三世（Amenhotep Ⅲ）

阿蒙霍特普四世（Amenhotep Ⅳ，后改名埃赫那吞）

内弗尔内弗汝阿吞（Neferneferuaten）

图坦卡蒙（Tutankhamun）

阿伊（Ay）

霍瑞姆赫伯（Horemheb）

拉美西斯时代（公元前1295—前1069年）

第十九王朝（公元前1295—前1186年）

拉美西斯一世（Raeses Ⅰ）

塞提一世（Sety Ⅰ）

拉美西斯二世（Rameses Ⅱ）

梅尔恩普塔赫（Merenptah）

阿蒙麦苏（Amenmessu）

塞提二世（Sety Ⅱ）

萨普塔赫（Saptah）

塔维瑟瑞特王后（Queen Tausret）

第二十王朝（公元前1186—前1069年）

塞特纳赫特（Sethnakht）

拉美西斯三世（Rameses Ⅲ）

拉美西斯四世（Rameses Ⅳ）

拉美西斯五世（Rameses Ⅴ）

拉美西斯六世（Rameses Ⅵ）

拉美西斯七世（Rameses Ⅶ）

拉美西斯八世（Rameses Ⅷ）

拉美西斯九世（Rameses Ⅸ）

拉美西斯十世（Rameses Ⅹ）

拉美西斯十一世（Rameses Ⅺ）

第三中间期（公元前1069—前664年）

第二十一王朝（公元前1069—前945年）

斯曼德斯（Smendes）

阿蒙尼姆尼苏（Amenemnisu）

普苏森尼斯一世（Psusennes Ⅰ）

阿蒙尼姆匹（Amenemope）

老奥索尔康（Osorkon the Elder）

西阿蒙（Siamun）

普苏森内斯二世（Psusennes Ⅱ）

第二十二王朝（公元前945—前715年）

舍尚克一世（Sheshongq Ⅰ）

奥索尔康一世（Osorkon Ⅰ）

塔克洛特一世（Takelot Ⅰ）

奥索尔康二世（Osorkon Ⅱ）

塔克洛特二世（Takelot Ⅱ）

舍尚克二世（Sheshongq Ⅱ）

匹玛伊（Pimay）

舍尚克五世（Sheshongq Ⅴ）

奥索尔康四世（Osorkon Ⅳ）

第二十三王朝（公元前818—前715年）

国王在不同地方建立王朝统治中心，与第二十二王朝的晚期、第二十四王朝和第二十五王朝的早期同时并存。

佩都巴斯提斯一世（Pedubastis Ⅰ）

伊吾普特一世（Iuput Ⅰ）

莎商克四世（Sheshongq Ⅳ）

奥索尔康三世（Osorkon Ⅲ）

塔克洛特三世（Takelot Ⅲ）

儒达蒙（Rudamon）

佩夫查瓦威巴斯特（Peftjauwybast）

伊吾普特二世（Iuput Ⅱ）

第二十四王朝（公元前727—前715年）

巴肯瑞内夫（Bakenrenef）

第二十五王朝（公元前747—前656年）

匹伊（Piy）

沙巴卡（Shabaqo）

莎比特卡（Shabitqo）

塔哈尔卡（Takarqo）

塔努特阿玛尼（Tanutamani）

晚期（公元前664—前332年）

第二十六王朝（公元前664—前525年）

内考一世（Nekau Ⅰ）

普萨美提克一世（Psamtek Ⅰ）

内考二世（Nekau Ⅱ）

普萨美提克二世（Psamtek Ⅱ）

阿普力斯（Apries）

阿赫摩斯二世（Ahmose Ⅱ）

普萨美提克三世（Psamtek Ⅲ）

第二十七王朝（公元前525—前404年）

冈比西斯（Cambyses）

大流士一世（Darius Ⅰ）

薛西斯一世（Xerxes Ⅰ）

阿尔塔薛西斯一世（Artaxerxes Ⅰ）

大流士二世（Darius Ⅱ）

阿尔塔薛西斯二世（Artaxerxes Ⅱ）

第二十八王朝（公元前404—前399年）

阿米尔特俄斯（Amyrtaios）

第二十九王朝（公元前399—前380年）

内夫瑞特斯一世（Nepherites Ⅰ）

哈考尔（Hakor）

内夫瑞特斯二世（Nepherites Ⅱ）

第三十王朝（公元前380—前343年）

内克塔内波一世（Nectanebo Ⅰ）

特奥斯（Teos）

内克塔内波二世（Nectanebo Ⅱ）

波斯人第二次占领埃及时期（公元前341—前332年）

亚达薛西斯三世（Artaxerxes Ⅲ Ochus）

阿尔塞斯（Arses）

大流士三世（Darius Ⅲ）

托勒密时期（公元前332—前30年）

马其顿王朝（公元前332—前305年）

亚历山大大帝（Alexander the Great）

菲利普-阿瑞德斯（Philip Arrhidaeus）

亚历山大四世（Alexander Ⅳ）

托勒密王朝（公元前305—前310年）

托勒密一世（Ptolemy Ⅰ）

托勒密二世（Ptolemy Ⅱ）

托勒密三世（Ptolemy Ⅲ）

托勒密四世（Ptolemy Ⅳ）

托勒密五世（Ptolemy Ⅴ）

托勒密六世（Ptolemy Ⅵ）

托勒密七世（Ptolemy Ⅶ）

托勒密八世（Ptolemy Ⅷ）

托勒密九世（Ptolemy Ⅸ）

托勒密十世（Ptolemy Ⅹ）

托勒密九世（Ptolemy IX，复位）

托勒密十一世（Ptolemy XI）

托勒密十二世（Ptolemy XII）

克里奥帕特拉七世（Cleopatra XII）

托勒密十三世（Ptolemy XIII）

托勒密十四世（Ptolemy XIV）

托勒密十五世（Ptolemy XV）

罗马帝国时期（公元前30—395年）

奥古斯都（Augustus）

提比略（Tiberius）

盖乌斯（Gaius）

克劳狄乌斯（Claudius）

尼禄（Nero）

加尔巴（Galba）

奥托（Otho）

维斯帕西安（Vespasian）

提图斯（Titus）

图密善（Domitian）

涅尔瓦（Nerva）

图拉真（Trajan）

哈德良（Hadrian）

安东尼－匹乌斯（Antoninus Pius）

马可－奥勒留（Marcus Aurelius）

卢修斯－维鲁斯（Lucius Verus）

康茂德（Commodus）

塞普蒂米乌斯－西弗勒斯（Septimius Severus）

卡拉卡拉（Caracalla）

盖塔（Geta）

马克里努斯（Macrinus）

迪亚杜门尼安（Didumenianus）

塞维鲁－亚历山大（Severus Alexander）

戈尔迪安三世（Gordian III）

菲利普（Philip）

德西乌斯（Decius）

加卢斯与沃鲁西安（Gallus and Volusianus）

瓦来西安（Valerian）

家里安努斯（Gallienus）

马克里努斯与夸一图斯（Macrianus and Quietus）

奥勒良（Aurelian）

普罗布斯（Probus）

戴克里先（Diocletian）

马克西米安（Maximian）

格列利乌斯（Galerius）

君士坦提乌斯（Constantius）

康斯坦丁一世（Constantine I）

马克森提乌斯（Maxentius）

马克西米努斯（Maximinus Daia）

李基尼乌斯（Licinius）

君士坦提乌斯二世（Constantine II）

康斯坦斯（Constans 共治者）

君士坦提乌斯二世（Constiantius II 共治者）

马克森提乌斯（Magnetius 共治者）

尤利安－叛教者（Julian the Apostate）

卓维安（Jovian）

瓦伦提尼安一世，西（Valentinian I，west）

瓦伦斯，东（Valens 共治者，east）

格拉提安，西（Gratian 共治者，west）

狄奥多西（Theodosius 共治者）

瓦伦提尼安二世，西（Valentinian II 共治者，west）

欧根尼乌斯（Eugenius 共治者）

附录2 古埃及主要法老王名圈

古埃及主要法老王名圈见附图2-1~附图2-19。

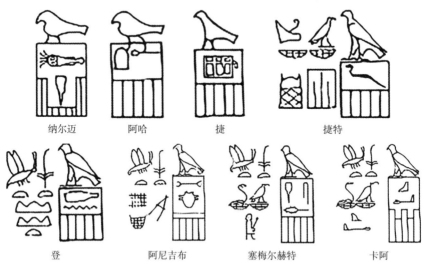

纳尔迈　　　　阿哈　　　　　捷　　　　　　捷特

登　　　　　阿尼吉布　　　塞梅尔赫特　　　卡阿

附图2-1　第一王朝

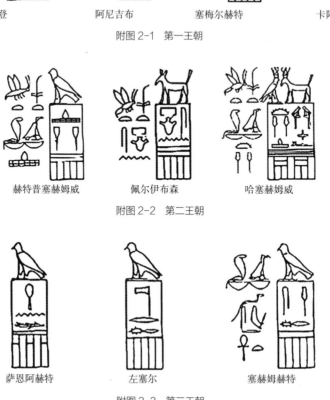

赫特普塞赫姆威　　佩尔伊布森　　哈塞赫姆威

附图2-2　第二王朝

萨恩阿赫特　　　左塞尔　　　塞赫姆赫特

附图2-3　第三王朝

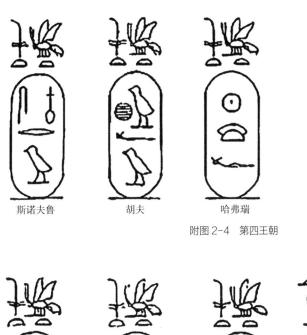

斯诺夫鲁　　　胡夫　　　哈弗瑞　　　曼考瑞　　　塞普塞斯卡夫

附图 2-4　第四王朝

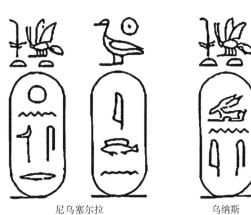

乌塞尔卡夫　　　萨胡拉　　　　尼乌塞尔拉　　　乌纳斯

附图 2-5　第五王朝

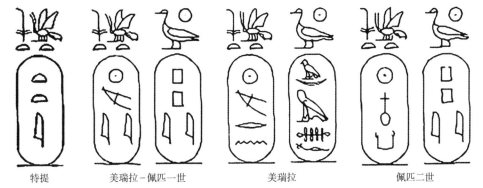

特提　　　美瑞拉-佩匹一世　　　美瑞拉　　　佩匹二世

附图 2-6　第六王朝

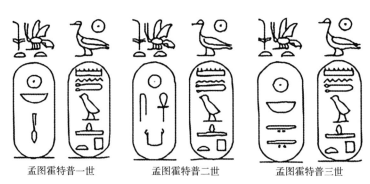

孟图霍特普一世　　　　　孟图霍特普二世　　　　　孟图霍特普三世

附图 2-7　第十一王朝

阿蒙涅姆赫特　　　辛努塞尔特一世　　　阿蒙霍特普二世　　　辛努塞尔特二世

辛努塞尔特三世　　　　阿蒙霍特普三世　　　　阿蒙霍特普四世

附图 2-8　第十二王朝

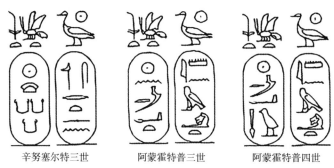

内弗尔霍特普　　　　　　　　阿佩匹

附图 2-9　第十三王朝　　　　附图 2-10　第十五王朝

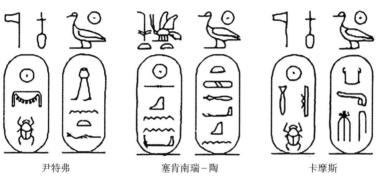

尹特弗　　　　　塞肯南瑞－陶　　　　卡摩斯

附图 2-11　第十七王朝

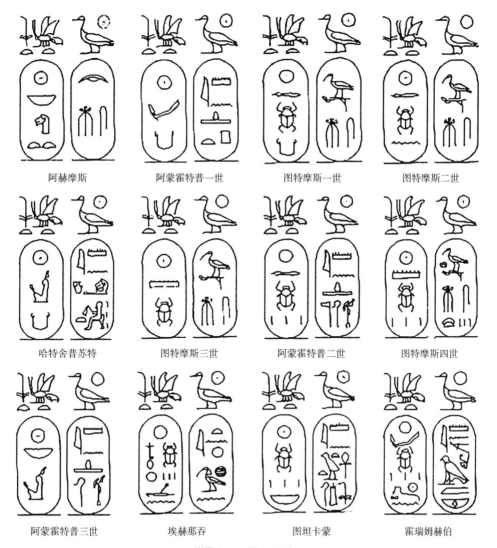

阿赫摩斯　　　阿蒙霍特普一世　　　图特摩斯一世　　　图特摩斯二世

哈特舍普苏特　　图特摩斯三世　　　阿蒙霍特普二世　　图特摩斯四世

阿蒙霍特普三世　　埃赫那吞　　　　图坦卡蒙　　　　霍瑞姆赫伯

附图 2-12　第十八王朝

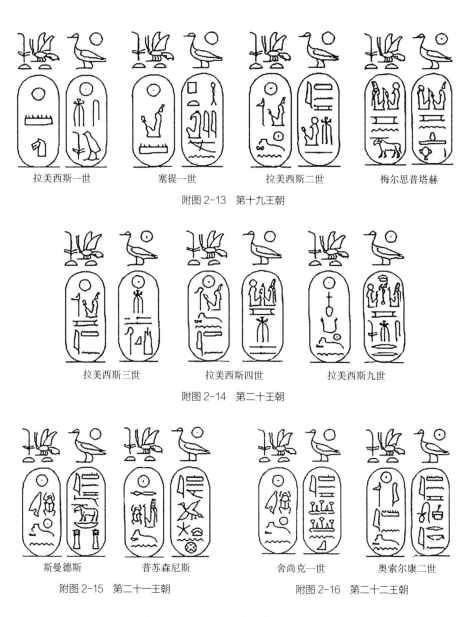

拉美西斯一世　　　塞提一世　　　拉美西斯二世　　　梅尔思普塔赫

附图 2-13　第十九王朝

拉美西斯三世　　　拉美西斯四世　　　拉美西斯九世

附图 2-14　第二十王朝

斯曼德斯　　　普苏森尼斯

附图 2-15　第二十一王朝

舍尚克一世　　　奥索尔康二世

附图 2-16　第二十二王朝

匹伊　　　沙巴卡　　　塔哈尔卡

附图 2-17　第二十五王朝

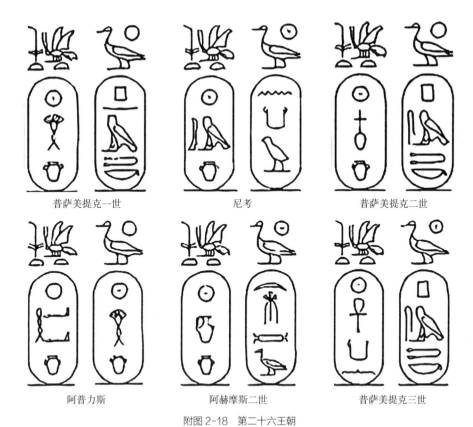

普萨美提克一世　　　　　　尼考　　　　　　普萨美提克二世

阿普力斯　　　　　　阿赫摩斯二世　　　　　　普萨美提克三世

附图 2-18　第二十六王朝

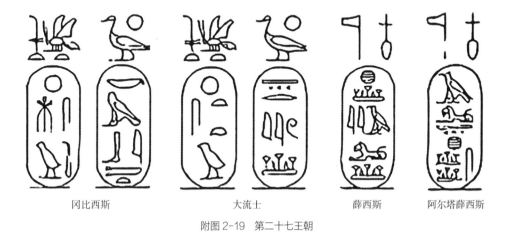

冈比西斯　　　　　　大流士　　　　　　薛西斯　　　　阿尔塔薛西斯

附图 2-19　第二十七王朝